“砍下他的脑袋只需一瞬间，但要再长出一颗这样的头颅也许要等一百年！”

——拉格朗日

（法国著名数学家）

科学革命：如天文学上之哥白尼，物理学上之牛顿，化学上之拉瓦锡，生物学上之达尔文，皆是划时代的革命巨擘。

——库恩

（美国著名科学哲学家）

科学史家认为：拉瓦锡的氧化理论是一切科学革命中最急剧、最自觉的革命，它在化学史上的重要性怎样强调也不过分。

——本书《汉译者前言》

科学元典丛书・学生版

The Series of the Great Classics in Science

主　　编　任定成

执行主编　周雁翎

策　　划　周雁翎

丛书主持　陈　静　张亚如

科学元典是科学史和人类文明史上划时代的丰碑，是人类文化的优秀遗产，是历经时间考验的不朽之作。它们不仅是伟大的科学创造的结晶，而且是科学精神、科学思想和科学方法的载体，具有永恒的意义和价值。

化学基础论

·学生版·

（附阅读指导、数字课程、思考题、阅读笔记）

［法］拉瓦锡 著　任定成 译

图书在版编目(CIP)数据

化学基础论：学生版/(法)拉瓦锡著；任定成译.—北京：北京大学出版社，2021.4

（科学元典丛书）

ISBN 978-7-301-31956-7

Ⅰ.①化… Ⅱ.①拉…②任… Ⅲ.①化学—青少年读物 Ⅳ.①O6-49

中国版本图书馆 CIP 数据核字（2021）第 005133 号

书　　名	化学基础论（学生版） HUAXUE JICHULUN（XUESHENG BAN）
著作责任者	［法］拉瓦锡 著　任定成 译
丛书主持	陈　静　张亚如
责任编辑	陈　静
标准书号	ISBN 978-7-301-31956-7
出版发行	北京大学出版社
地　　址	北京市海淀区成府路 205 号　100871
网　　址	http://www.pup.cn　新浪微博：@北京大学出版社
微信公众号	科学元典（微信公众号：kexueyuandian）
电子信箱	zyl@pup.pku.edu.cn
电　　话	邮购部 010-62752015　发行部 010-62750672 编辑部 010-62707542
印 刷 者	北京中科印刷有限公司
经 销 者	新华书店
	787 毫米×1092 毫米　32 开本　7.5 印张　100 千字 2021 年 4 月第 1 版　2021 年 4 月第 1 次印刷
定　　价	38.00 元

弁　　言

Preface to the Series of the Great Classics in Science

任定成

中国科学院大学　教授

一

改革开放以来，我国人民生活质量的提高和生活方式的变化，使我们深切感受到技术进步的广泛和迅速。在这种强烈感受背后，是科技产出指标的快速增长。数据显示，我国的技术进步幅度、制造业体系的完整程度，专利数、论文数、论文被引次数，等等，都已经排在世界前列。但是，在一些核心关键技术的研发和战略性产品的生产方面,我国还比较落后。这说明,我国的技术进步赖以依靠的基础研究,亟待加强。为此,我国政府和科技界、教育界以及企业界,都在不断大声疾呼,要加强基础研究、加强基础教育!

那么,科学与技术是什么样的关系呢?不言而喻,科学是根,技术是叶。只有根深,才能叶茂。科学的目标是发现新现象、新物质、新规律和新原理,深化人类对世界的认识,为新技术的出现提供依据。技术的目标是利用科学原理,创造自然界原本没有的东西,直接为人类生产和生活服务。由此,科学和技术的分工就引出一个问题:如果我们充分利用他国的科学成果,把自己的精力都放在技术发明和创新上,岂不是更加省力?答案是否定的。这条路之所以行不通,就是因为现代技术特别是高新技术,都建立在最新的科学研究成果基础之上。试想一下,如果没有训练有素的量子力学基础研究队伍,哪里会有量子技术的突破呢?

那么,科学发现和技术发明,跟大学生、中学生和小学生又有什么关系呢?大有关系!在我们的教育体系中,技术教育主要包括工科、农科、医科,基础科学教育主要是指理科。如果我们将来从事科学研究，毫无疑问现在就要打好理科基础。如果我们将来是以工、农、医为业，现在打好理科基础，将来就更具创新能力、发展潜力和职业竞争力。如果我们将来做管理、服务、文学艺术等看似与科学技术无直接关系的工作，现在打好理科基础，就会有助于深入理解这个快速变化、高度技术化的社会。

我们现在要建设世界科技强国。科技强国"强"在哪里？不是"强"在跟随别人开辟的方向，或者在别人奠定的基础上，做一些模仿性的和延伸性的工作，并以此跟别人比指标、拼数量，而是要源源不断地贡献出影响人类文明进程的原创性成果。这是用任何现行的指标，包括诺贝尔奖项，都无法衡量的，需要培养一代又一代具有良好科学素养的公民来实现。

二

我国的高等教育已经进入普及化阶段，教育部门又在扩大专业硕士研究生的招生数量。按照这个趋势，对于高中和本科院校来说,大学生和硕士研究生的录取率将不再是显示办学水平的指标。可以预期,在不久的将来,大学、中学和小学的教育将进入内涵发展阶段,科学教育将更加重视提升国民素质,促进社会文明程度的提高。

公民的科学素养,是一个国家或者地区的公民,依据基本的科学原理和科学思想,进行理性思考并处理问题的能力。这种能力反映在公民的思维方式和行为方式上,而不是通过统计几十道测试题的答对率,或者统计全国统考成绩能够表征的。一些人可能在科学素养测评卷上答对全部问题,但经常求助装神弄鬼的"大师"和各种迷信,能说他们的科学素养高吗?

曾经,我们引进美国测评框架调查我国公民科学素养,推动"奥数"提高数学思维能力,参加"国际学生评估项目"(Programme for International Student Assessment,简称 PISA)测试,去争取科学素养排行榜的前列,这些做法在某些方面和某些局部的确起过积极作用,但是没有迹象表明,它们对提高全民科学素养发挥了大作用。题海战术,曾经是许多学校、教师和学生的制胜法宝，但是这个战术只适用于衡量封闭式考试效果，很难说是提升公民科学素养的有效手段。

为了改进我们的基础科学教育，破除题海战术的魔咒，我们也积极努力引进外国的教育思想、教学内容和教学方法。为了激励学生的好奇心和学习主动性，初等教育中加强了趣味性和游戏手段，但受到“用游戏和手工代替科学”的诟病。在中小学普遍推广的所谓“探究式教学”，其科学观基础，是 20 世纪五六十年代流行的波普尔证伪主义，它把科学探究当成了一套固定的模式，实际上以另一种方式妨碍了探究精神的培养。近些年比较热闹的 STEAM 教学，希望把科学、技术、工程、艺术、数学融为一体，其愿望固然很美好，但科学课程并不是什么内容都可以糅到一起的。

在学习了很多、见识了很多、尝试了很多丰富多彩、眼花缭乱的“新事物”之后，我们还是应当保持定力，重新认识并倚重我们优良的教育传统：引导学生多读书，好读书，读好书，包括科学之书。这是一种基本的、行之有效的、永不过时的教育方式。在当今互联网时代，面对推送给我们的太多碎片化、娱乐性、不严谨、无深度的瞬时知识,我们尤其要静下心来,系统阅读,深入思考。我们相信,通过持之以恒的熟读与精思,一定能让读书人不读书的现象从年轻一代中消失。

三

科学书籍主要有三种:理科教科书、科普作品和科学经典著作。

教育中最重要的书籍就是教科书。有的人一辈子对科学的了解,都超不过中小学教材中的东西。有的人虽然没有认真读过理科教材,只是靠听课和写作业完成理科学习,但是这些课的内容是老师对教材的解读,作业是训练学生把握教材内容的最有效手段。好的学生,要学会自己阅读钻研教材,举一反三来提高科学素养,而不是靠又苦又累的题海战术来学习理科课程。

理科教科书是浓缩结晶状态的科学,呈现的是科学的结果,隐去了科学发现的过程、科学发展中的颠覆性变化、科学大师活生生的思想,给人枯燥乏味的感觉。能够弥补理科教科书欠缺的,首先就是科普作品。

学生可以根据兴趣自主选择科普作品。科普作品要赢得读者,内容上靠的是有别于教材的新材料、新知识、新故事;形式上靠的是趣味性和可读性。很少听说某种理科教科书给人留下特别深刻的印象,倒是一些优秀的科普作品往往影响人的一生。不少科学家、工程技术人员,甚至有些人文社会科学学者和政府官员,都有过这样的经历。

当然,为了通俗易懂,有些科普作品的表述不够严谨。在讲述科学史故事的时候,科普作品的作者可能会按照当代科学的呈现形式,比附甚至代替不同文化中的认识,比如把中国古代算学中算法形式的勾股关系,说成是古希腊和现代数学中公理化形式的"勾股定理"。除此之外,科学史故事有时候会带着作者的意识形态倾向,受到作者的政治、民族、派别利益等方面的影响,以扭曲的形式出现。

科普作品最大的局限,与教科书一样,其内容都是被作者咀嚼过的精神食品,就失去了科学原本的味道。

原汁原味的科学都蕴含在科学经典著作中。科学经典著作是对某个领域成果的系统阐述,其中,经过长时间历史检验,被公认为是科学领域的奠基之作、划时代里程碑、为人类文明做出巨大贡献者,被称为科学元典。科学元典是最重要的科学经典,是人类历史上最杰出的科学家撰写的,反映其独一无二的科学成就、科学思想和科学方法的作品,值得后人一代接一代反复品味、常读常新。

科学元典不像科普作品那样通俗,不像教材那样直截了当,但是,只要我们理解了作者的时代背景,熟悉了作者的话语体系和语境,就能领会其中的精髓。历史上一些重要科学家、政治家、企业家、人文社会学家,都有通过研读科学元典而从中受益者。在当今科技发展日新月异的时代,孩子们更需要这种科学文明的乳汁来滋养。

现在,呈现在大家眼前的这套“科学元典丛书”,是专为青少年学生打造的融媒体丛书。每种书都选取了原著中的精华篇章,增加了名家阅读指导,书后还附有延伸阅读书目、思考题和阅读笔记。特别值得一提的是,用手机扫描书中的二维码,还可以收听相关音频课程。这套丛书为学习繁忙的青少年学生顺利阅读和理解科学元典，提供了很好的入门途径。

四

据2020年11月7日出版的医学刊物《柳叶刀》第396卷第10261期报道，过去35年里，19岁中国人平均身高男性增加8厘米、女性增加6厘米，增幅在200个国家和地区中分别位列第一和第三。这与中国人近35年营养状况大大改善不无关系。

一位中国企业家说，让穷孩子每天能吃上二两肉，也许比修些大房子强。他的意思，是在强调为孩子提供好的物质营养来提升身体素养的重要性。其实，选择教育内容也是一样的道理，给孩子提供高营养价值的精神食粮，对提升孩子的综合素养特别是科学素养十分重要。

理科教材就如谷物，主要为我们的科学素养提供足够的糖类。科普作品好比蔬菜、水果和坚果，主要为我们的科学素养提供维生素、微量元素和矿物质。科学元典则是科学素养中的“肉类”，主要为我们的科学素养提供蛋白质和脂肪。只有营养均衡的身体,才是健康的身体。因此,理科教材、科普作品和科学元典,三者缺一不可。

长期以来,我国的大学、中学和小学理科教育,不缺“谷物”和“蔬菜瓜果”,缺的是富含脂肪和蛋白质的“肉类”。现在,到了需要补充“脂肪和蛋白质”的时候了。让我们引导青少年摒弃浮躁,潜下心来,从容地阅读和思考,将科学元典中蕴含的科学知识、科学思想、科学方法和科学精神融会贯通,养成科学的思维习惯和行为方式,从根本上提高科学素养。

我们坚信,改进我们的基础科学教育,引导学生熟读精思三类科学书籍,一定有助于培养科技强国的一代新人。

2020 年 11 月 30 日

北京玉泉路

目　录

中篇　化学基础论(节选)

下篇　学习资源

上　篇

阅读指导

Guide Readings

金吾伦

中国社会科学院哲学研究所 研究员

化学中的牛顿—风云激荡的时代—天平功不可没—启蒙思想家·牛顿·拉瓦锡—是谁为拉瓦锡铺平了成功之路？—《化学基础论》讲了什么？—氧理论是如何建立的？

化学中的牛顿

拉瓦锡是化学发展史上的巨人，被后世誉为“化学中的牛顿”。美国科学史家巴特菲尔德，称他是在科学革命中享有最高地位的少数巨人之一。

哈佛大学科学史家科恩认为，化学革命在科学革命中占据首要位置，因为它是最早被普遍认识的一场科学革命。

可见，拉瓦锡和他的《化学基础论》，在科学史上的地位是多么重要。为了让读者更好地理解这部伟大著作，我们先来认识一下拉瓦锡这个人吧。

拉瓦锡全名为安托万-洛朗·拉瓦锡，1743 年 8 月 26 日生于法国巴黎，是一位著名律师的儿子，家住在巴黎近郊的乡村，那里绿树环抱，风景宜人。拉瓦锡的先祖是地位比较低等的农民。祖父当过邮局的职员。

1741年,拉瓦锡的父亲与一位富裕的巴黎法院法官的女儿结婚。拉瓦锡是他们的第三个儿子。

就在拉瓦锡5岁那年,他的母亲不幸去世了。出于无奈,拉瓦锡的父亲就将两个儿子送到拉瓦锡外婆家去了。拉瓦锡则受到他未婚姨妈的悉心照料,在那里度过了他的童年生涯,也在那里上学,一直到拉瓦锡结婚。

拉瓦锡在他11岁那年,也即1754年秋天,过完生日不久,就进了当时法国著名的马扎林学院。这所学院里有许多著名人物在执教,如物理学家和数学家达朗贝尔、天文学家巴伊、画家大卫等,正所谓英才济济,学风醇厚,思想活跃,确是一所造就人才的学府。虽然这是一所中等学府,但就读的学生不仅有巴黎的,还有来自法国各地有名望人士的子女,除了教物理、化学、数学外,还教拉丁文和希腊文。

拉瓦锡如鱼得水,驾驭自己的智力之舟,在这个学术的海洋中漫游。这座知识的熔炉,铸就了拉瓦锡未来闪烁金光的才华。拉瓦锡在这所学校里,还受到经典文学方面的坚实训练,后来他多次获得文学奖金。

在学完修辞学和语言文学之后,拉瓦锡还学了两年哲学，随后就在著名天文学家拉卡伊指导下，攻读数学和自然科学。拉卡伊曾因远征好望角的探险而闻名。他观测过许多星星，曾于 1758 年首次发表由行星引起摄动的、经过修正的太阳表。拉瓦锡在拉卡伊指导下学习天文观察。

拉瓦锡并不满足于学习天文知识，还请当时著名的大化学家、实验化学学派的创始人——鲁埃尔给他教授化学。鲁埃尔的教学，给年轻的拉瓦锡留下了很深的印象，并使拉瓦锡对化学产生了浓厚的兴趣，使拉瓦锡终身受益。

在拉瓦锡所受的教育中，对他影响最大的，要数法国著名地质学家盖塔尔。在盖塔尔的指引下，年轻的拉瓦锡醉心于地质学和矿物学。因为这两门科学都与化学有密切的关系，所以，盖塔尔又让拉瓦锡学习化学。

不过，拉瓦锡在大学里的真正专业，既不是地质学和矿物学，也不是化学，而是法律。这是因为，拉瓦锡不得不遵循他的家族传统，继承父业。1761 年，拉瓦锡取得文学学士之后，转到法学院学习，1763 年获得法学学士，第二年又获得法学硕士学位。不过拉瓦锡并没有从事法学工作,而是热衷于科学研究工作。

拉瓦锡从法学院毕业之后的第一项研究工作,是解决巴黎城市街道的照明问题。他研究了各种类型的灯和蜡烛,以及各种反射器和灯柱,设计各种类型的灯罩,并研究它们的最佳照明效果,等等。这些研究使他增加了有关燃烧的知识,以及对燃烧问题研究的兴趣。

1763 年秋,拉瓦锡在研究矿物时,发表了第一篇专题报告《关于石膏的分析》,1765 年 2 月,拉瓦锡在法国科学院宣读了这篇论文。拉瓦锡关于石膏分析的方法,与传统的分析方法不同,传统的分析方法是"干法",而拉瓦锡所用的分析方法是"湿法",他创造了这种新的分析方法。

1767 年,拉瓦锡陪同他的地质学老师盖塔尔,前往法国东北部的孚日山脉考察。他们两人由拉瓦锡的仆人陪同,骑马足足考察了四个月。考察期间,在盖塔尔的指导下,拉瓦锡做了各种定量测定、定量分析和定量计算,这不但磨炼了他的意志和毅力,而且使拉瓦锡养成了进行严格定量研究的习惯,这为他后来的科学发现奠定了基础。地质考察结束后,拉瓦锡又连续发表了两篇关于比重计的论文，加上他以前发表的两篇论石膏的论文，拉瓦锡入选了巴黎科学院。此后，他的研究范围更加广泛，取得了大量成果。

1768年，拉瓦锡在成为法国科学院院士的同时，又担任了法国兵工厂厂长。他接受巴黎科学院的建议，研究巴黎城市供水问题，让巴黎居民能够饮用到更清洁的水。1770年，拉瓦锡分析了塞纳河水的含盐量；1771年，他向巴黎科学院提交了解决巴黎城市供水的总纲，其中包括建立一部由蒸汽机带动的水泵和一系列吸水管，这些设施还能确保巴黎城市防火所必需的水源。他不但提出方案，而且对财政需要和实际工程建设，包括建立蒸汽供水水泵所需要的费用等长期投资，都做了详细的估算。拉瓦锡既从事自然科学研究，又探讨经济和商业理论，更重视解决城市供水等关注民生的重大社会问题。

拉瓦锡对物理学的重大贡献，是第一次科学地表述了质量守恒定律，它是物理学中第一个被发现的守恒定律。实际上，拉瓦锡在1763年的石膏实验以后，就指出了质量守恒定律的初步形式，到1774年，他通过一系列实验后,正式表述了这个定律。

拉瓦锡开始集中研究燃烧问题,是从 18 世纪 70 年代开始的。1772 年,拉瓦锡开始怀疑先前用来解释燃烧现象的燃素学说。他通过磷、硫的燃烧实验,来验证他认为空气在燃烧中所起的作用,以及空气在金属煅烧中所起的作用,从而形成一个与燃素学说相对立的新理论——氧理论。人们称这一年是拉瓦锡的“关键年”,因为拉瓦锡用氧化学说,取代了燃素学说。

1774 年,拉瓦锡又做了许多实验,尤其是用天平做定量研究,以证明他的理论的正确性;1775 年,法国火药硝石管理局聘请拉瓦锡担任经理;1783 年,物理学家、数学家拉普拉斯第一个接受拉瓦锡的氧化学说,并且与拉瓦锡合作,用实验进行验证。最后,氧化学说被科学共同体所接受。

1789 年,系统阐述拉瓦锡氧化学说的著作《化学基础论》正式出版,这部以法文写成的革命性著作刚一面世,就引起轰动,第二年就译成英文出版,第三年译成意大利文出版,第四年译成德文出版,又过了几年,先后被译成西班牙文和荷兰文出版。

就在《化学基础论》出版的1789年，法国大革命爆发。1793年11月24日，拉瓦锡因担任过包税官而被捕入狱。他被诬陷与法国的敌人有来往，犯有叛国罪。1794年5月8日，拉瓦锡被当时的法国革命政府处以绞刑，年仅51岁。就在拉瓦锡被处死的第二天，法国数学家、物理学家拉格朗日悲痛地说："砍掉他的脑袋只需一瞬间，可是，要再长出一颗这样的头颅，也许要等一百年。"

最后，必须要提一下拉瓦锡夫人。拉瓦锡夫人名叫玛丽，是一位包税商的女儿，父亲和拉瓦锡是同事。1771年，不满14岁的玛丽嫁给了28岁的拉瓦锡。

婚后，玛丽成了拉瓦锡的科研助手。拉瓦锡做实验时，玛丽就在旁边做实验记录。玛丽多才多艺，通晓多种语言，比如英国化学家普里斯特利的一系列气体实验文献，都是由她从英文翻译成法文；由于拉瓦锡不懂英文，玛丽的专业翻译，使拉瓦锡能及时了解到气体研究的最新进展；在一位叫作大卫的画家指导下，玛丽掌握了精湛的工艺绘图技术，她将实验场景忠实地描绘出来，给拉瓦锡的实验报告和书籍绘制了精美的实验插图。例如,《化学基础论》中所有的化学仪器插图,都是由拉瓦锡夫人一手绘制的。此外,玛丽还经常在家里举办沙龙,接待拉瓦锡的朋友,给拉瓦锡提供信息交流的场所,使拉瓦锡能及时了解学术前沿。

拉瓦锡被处死后不久就得到平反,被没收的财产也全部归还给拉瓦锡夫人。此后,玛丽对拉瓦锡的遗著进行了系统整理,为后世保留了珍贵的档案。1836 年,拉瓦锡夫人去世,享年 78 岁。

风云激荡的时代

任何一次科学革命的发生都有其时代背景。正如科学史家、哈佛大学教授科恩所说:“每次科学革命,都同当时政治的革命和社会的革命密切相关,总是以当时的、社会的、革命的流行理论和意识为背景。”这就是说,科学革命犹如种子,它的萌芽、生长、开花、结果,都要具备一定的土壤和空气等条件。这些条件对科学革命来说,那就是技术、社会和经济背景。

科学史家巴特菲尔德,也说过类似的话,他说:“各种文明的兴衰都不是绝对的,恰恰有不破的历史之网,代与代之间互相重叠,互相渗透,一代接着一代不停顿地前行……”

作为人类活动的科学,是知识体系和知识生产过程两者的总和,它当然不是在真空中产生和发展的,而是在十分确定的历史背景下进行的,这种背景决定着科学发展的方向和科学进行的方式。我们今天可以用路径依赖理论来加以说明。这种路径依赖,不仅涉及科学整体及其各部门的协调发展,而且也涉及每个科学家的科学生涯和他的创造活动。而科学,正是通过科学家集体或个人的活动,他们的观点、他们的实验、他们的发现以及他们与其周围人的交往,才能得以成长和进步。

当然,影响科学发展的外在因素是多方面的,而且影响的程度也各不相同。从范围上说,大到整个世界和全人类的社会经济状况、思想理论潮流和科学技术的发展状况,等等,小到在时间和空间上比较局部地起作用的因素,甚至个人的气质和性格也能影响科学的进步。

拉瓦锡化学革命有着特定的社会经济背景。下面,我们一起来了解一下。

18 世纪之前,法国是一个封建专制国家。在封建统治下,生产力的发展,首先表现在商业方面,进一步又表现在工业方面。商业的发展尽管是以欧洲市场为主,但是,自从 15 世纪以后,由于新航路的发现,海外市场的忽然扩大,法国也渐渐与欧洲的西班牙、葡萄牙、荷兰和英国等国家一样，在海外推行经商殖民的政策。法国在北美、印度和非洲，都开始培植本国的势力。法国的商人们在落后的殖民地尽情地搜刮和掠夺，大批金钱流入自己的金库，成了殷富的商业资产阶级。由于海外市场的扩大，对工业品需求的增加，不少人又用他们在海外赚来的大量金钱经营工业，变成工业企业家。这些工业企业家常常突破当时行会的限制，利用雇佣劳动进行资本主义的工业生产。所以，在 18 世纪，法国的工业形式除行会的手工业仍然存在之外，还有各种新形式的工业出现。

在这些新形式的工业中，首先出现的，有收买商经营的农村家庭手工业。因为当时的工业仍有行会的限制存在，这既束缚了工业的自由发展，又不能使工业满足当时市场的需要，所以，有的兼营工业的收买商，为避免城市行会对手工业的限制，就把自己的生产事业移到农村进行。因此，法国的农村家庭手工业十分流行，在西北部地区尤其如此。

但这些家庭手工业者彼比分散，不能集中，难以进行大规模的生产。到了后来，资金较多的工业企业家又出资建立手工业工场,把分散而不集中的许多家庭手工业者,集合到这样的手工业工场,进行分工生产。这种工场手工业算是当时最先进的工业形式了。当时法国工场手工业中,比较著名的有毛纺织业、棉纺织业、玻璃业等,后来才出现更大的工业,如冶金工业。

企业主为了追求利润,努力经营工商业,也得到政府的大力资助。法国的工商业在当时的欧洲各国中仅次于英国。法国的各种饮料、布匹、女子服装以及家具等,畅行于全欧洲。政府的各种税收,都由包税商集团出资承包,其中的领袖人物都是当时的金融巨头,他们的生活十分阔绰。他们建造别墅,请最好的艺术家为之装饰,这些别墅可与传统贵族的别墅比阔。

教会的教士和世俗的贵族是统治阶级,享有特权。新兴的资产阶级属于非特权阶级,他们人数虽少,但势力极大,散布很广。

在工商业界的有包税商、专卖商、银行家、高利贷者,还有经营殖民地或国外贸易的大商人、工厂主、船主等。

在政府机关的有行政官吏、司讼官、典狱官等,各地的按察使，也全都出自新兴的资产阶级。

在学术界的有大学教授、文学家、哲学家、科学家等。

从事自由职业的有律师、医生等。

当时，蒸蒸日上的资产阶级，在很多方面的势力和重要性，都已超过了正在没落的贵族。但是，他们在社会上虽有势力，却无地位；在政治上虽有职位，却无权力。其中的一些优秀分子，虽然以自己的财富、势力、文化等自豪，但仍然遭受贵族的轻视，这自然有伤他们的自尊心，并引起他们的不平之心，使他们常常怀有革命的倾向。这些都促使资产阶级从各个方面要求打破旧有局面，以赢得自己的地位。

资产阶级作为一个阶级，为了和封建贵族和教会争权力，争势力，他们迫切需要振兴实业，发展科学事业。恩格斯对这个现象进行了深刻的分析，他说：

> 随着中间阶级的兴起，科学也迅速振兴了；天文学、力学、物理学、解剖学和生理学的研究又活跃起来。资产阶级为了发展工业生产，需要科学来查

明自然物体的物理特性,弄清自然力的作用方式。在此以前,科学只是教会的恭顺的婢女,不得超越宗教信仰所规定的界限,因此根本就不是科学。现在,科学反叛教会了;资产阶级没有科学是不行的,所以也不得不参加这一反叛。

与英国和德国的科学发展情况不同,法国的科学发展主要依靠赞助人的支持。赞助人的经济实力,对科学发展非常重要。他们提供各种物质条件,让科学家聚集在一起讨论问题和交流学术;他们支持科学家集会,并且组织学术团体。

后来,法国国王路易十四和他的大臣们,逐渐认识到科学进步对经济发展的好处,认识到科学的应用,会对扩展国家工商业的政策有利,才决定在法国国王的赞助下成立全国性的科学团体。于是,1666 年,成立了法国科学院。法国科学院的成立,极大地推动了法国科学事业的发展。

拉瓦锡生活的时代,在大西洋彼岸的美国,爆发了独立战争,需要大量的军械和炸药。为了改进火药制造技术，资产阶级强调加强能促进技术进步的基础科学的研究，加强与制造火药有关的硝酸钾及气体性质的研究，从而有力地促进了硝酸、硫酸、盐酸工业的发展和气体化学的发展。

拉瓦锡属于新兴的资产阶级，他从一开始就受到这个反叛阶级的影响，也在这个阶层中活动。他先是参加了农业金融公司，后来又加入了包税公司。关于包税，我在这里要解释一下。在法国，直到大革命时期，几乎所有的关税和赋税，包括人们憎恨的盐税，都是以一种迂回的方法征收的。每个包税商向国王缴纳 150 万法郎，国王就批准为期 6 年的租约，允许他独家享有进口和出售烟草或征收盐务税等权利。

这种行业的名声很坏，包税商们总是想方设法从人们身上，榨取比政府规定应缴纳的税额多得多的金钱，从中大发其财。这激起了人们的憎恨。拉瓦锡为了搞到足够的钱支持自己的科学研究活动，就参加了包税公司，并且也赚了许多钱。他把这些钱主要用来购置化学药品和科学仪器，为他能自由地进行科学研究，提供了充裕的物质条件。但这也为后来拉瓦锡之死埋下了祸根。

拉瓦锡少年得志,他 1768 年 25 岁时,就被选入法国科学院。据说,这与他富有的家庭条件有关。

当然,法国科学院毕竟是科学家讨论科学问题的一个场所,许多著名科学家都在其中。毫无疑问,拉瓦锡才华出众,是他得以入选科学院最重要的原因。但另外还有一个原因也不可否认,因为当时的科学研究经费主要来自于自筹,从事科学研究都是业余工作,那时职业科学家还没有出现,所以,穷人是无法从事实验科学研究的。科学院的成员们了解到,这位年轻的拉瓦锡不但才华出众,而且十分富有,而经济宽裕的人不必为生活奔波,易于在科学研究上做出成果,所以,科学院的院士们就推选了拉瓦锡。据说,有一位与拉瓦锡同样优秀,但经济上不及拉瓦锡的年轻科学家,就没有入选科学院。

天平功不可没

科学的发展,尤其是化学的发展,离不开仪器设备。而仪器设备的发展,则直接有赖于材料和制造技术等相关工业的发展。但 18 世纪以前,仪器设备制造的水平比较低,发展很缓慢,只是到了 18 世纪才有了长足的进步。

在实验科学的推动下,科学理论也有了很大的发展。在很多领域,科学家们将过去一直是零散地、偶然地出现的成果,进行了综合,并且揭示出了这些成果的必然性和它们的内部联系。已有的知识资料得到清理,并被分类和条理化,知识系统也越来越完善。科学知识与哲学、实践两个方面结合得更密切了。

同时,新的仪器设备不断被设计出来,并应用于科学研究。例如,压力计、温度计、真空泵、水银集气槽、精密天平等,相继被发明、创制出来。这些仪器设备的发明和创制,之所以能达到较高水平,是因为工业技术的发展为它提供了充分的可能性,反过来它也为工业技术的发展做出了贡献。

英国首先完成了工业革命,成为建立现代工业的先驱。工业部门的进步,会把所有其他的部门也带动起来。工业中的一切改良,必然会提高文明的程度;文明程度一旦提高,就会产生出新的需要、新的生产部门,从而又引起新的改良。在英国,首先是纺纱部门的革命,然后引发整个工业的革命,而工业革命又带动了科学的进步。

法国与英国之间关系甚为密切,交流频繁。英国工业革命的进程和结果直接影响了法国。当时,法国的封建社会制度正处于解体之中,它在一般人的心目中,已完全丧失了威信。法国资产阶级,在英国工业革命的刺激下,不断努力发展工业生产技术。

工业生产技术的发展,为化学实验装置和设备的生产,提供了技术基础和物质基础。18 世纪以前,人们所使用的仪器既笨重又昂贵,因为制造这些装置和设备,需要质地均匀、强度很大、又耐腐蚀的优质金属材料，而这种材料在当时很难获得。其他材料，比如玻璃，在制造实验室使用的仪器，尤其是化学仪器上，非常重要。但18世纪以前生产的玻璃性能总达不到实验精度对仪器所提出的要求。到了18世纪，欧洲的玻璃工业有了很大的发展，这才提供了满足各种性能要求的优质玻璃。

还有，其他仪器的发明和生产，也都受到机械制造工业的制约，直到18世纪，由于钟表制造以及其他机械制造技术的发展，才使各种精密仪器的制造成为可能。以气体测量为例，光有天平、温度计和压力计的完善，还不足以解决所有问题；还需要更加精密、准确的测量，如近乎真空的产生、气体的密封，还有集气槽和气量计，等等。

以前不论在物理学和化学上的研究，都是以定性为主，对这些仪器没有什么太高的要求。而到了18世纪，情况就大不相同了。化学家研究气体，已从定性到定量，这就要求有新一代更高级的仪器设备，而这时，机械技术和机械工业发展的水平，已经有可能提供这些越来越精密的仪器了。

下面我们会讲到,拉瓦锡发现氧,是在他的前人、同时代人和他自己做了大量实验的基础上实现的。而这些实验设备与仪器,都以生产技术的发展为前提,这些生产技术包括冶金、玻璃制造、机械制造、酿造等。有了这些作基础,才能提供出煅烧金属、收集气体、分析称量气体等所需要的设备;没有这些,想要对气体化学做全面综合的研究,是极其困难的。

以天平为例。天平在拉瓦锡的发现中起到了极为重要的作用。天平的制造技术直到 17 世纪末才得到了较大的提高,这是由于当时社会发展,在金融库房、钱币兑换和金工首饰等领域需要精确地称量,天平得到了广泛的应用。天平制造技术的革新表现在某些结构细节:比如重心的位置、刀口的平行、支撑面的水平等。只有能进行机械加工的硬质钢的发明,尤其是精细调节技能的发展,才能使 18 世纪高度精密天平的制造成为可能。

英国化学家卡文迪什所使用的天平,就是著名的钟表匠哈里森提供的。拉瓦锡最初使用的天平,则是由一批著名的工匠制造的,开始是梅格尼制造的,后来是福廷制造的,拉姆斯登也曾为拉瓦锡制造过天平。

拉瓦锡的成功,在很大程度上得益于使用天平进行定量研究,而天平技术的发展和完善直到 18 世纪才达到,这与工业技术发展的关系极为密切。可以说,当时的工业发展,为拉瓦锡的化学革命铺平了道路。

启蒙思想家·牛顿·拉瓦锡

在英国工业革命的进程中,法国的民主主义者也在积极准备,试图推翻以国王为代表的封建专制制度和天主教会势力。以自由经济为背景的英国自由主义思想传入法国后,立即与法国的理性精神及当时的社会形势结合起来,展开了对封建主义思想基础的批判,形成了一场声势浩大的思想解放运动。这场运动,称为启蒙运动。它为即将到来的法国大革命准备了思想武器,使法国最终走进现代文明发达国家行列,并且对整个西方近代文明产生了深刻的影响。

法国启蒙运动的代表人物有,伏尔泰、狄德罗、达朗贝尔、孟德斯鸠、卢梭、霍尔巴赫、爱尔维修、孔狄亚克等人。

这些启蒙思想家不承认任何外界的权威,不管这种权威是什么样的。宗教、自然观、社会、国家制度，一切都受到了最无情的批判。他们以摧枯拉朽之势，把一切陈腐的思想观念和理论，都放到理性的审判台前面了。

这些启蒙思想家具有广博的学识，他们在各个不同的文化领域，都表现出了非凡的才干，在人类知识的一切领域中，他们都发表了新颖的创见。一大批哲学家、作家、艺术家、政治思想家、法学家、科学家、教育家，活跃在各个领域内。他们的才华集中体现于一部篇幅浩大的工具书之中。这部工具书的全称是《百科全书，或科学、艺术和工艺详解辞典》，简称《百科全书》，由狄德罗主编，几乎所有的启蒙思想家都参与了编写工作。这部《百科全书》吸收了直到 18 世纪中叶为止的各方面知识，从 1751 年到 1772 年 21 年间，一共出版了 28 卷，几年后又增加了 7 卷补遗和索引。《百科全书》的出版，产生了巨大的社会影响，为法国大革命做了舆论准备。

启蒙思想家直接向封建制度和传统思想体系发起了猛烈的攻击。他们自称自己首先是科学家，是在科学上开辟新道路的人，是科学思想成就的宣传者。科学，成为启蒙思想家关注的中心。他们希望借助于科学来解决政治和社会问题,甚至要使艺术也服从于科学。启蒙运动的代表人物,试图把17世纪科学发现成果,转变为一种新世界观。他们赢得了学术界的领导地位,同时影响了政治领域,甚至把科学中的归纳方法也应用到政治领域。

启蒙思想家强调技术的重要性,对技术在人类知识领域中的重要作用,给予了很高的评价。《百科全书》把18世纪上半叶之前所有的科学技术成果,系统地汇集起来,使以往一般群众无法直接获得的知识得到广泛普及,广开民智,这大大有利于科学和技术的综合发展。

启蒙思想家对抽象的哲学体系作了批判。他们依据英国唯物主义者,特别是洛克和牛顿的哲学,批评和拒绝一切包罗万象的体系,把自己的注意力集中在实际活动上。他们努力运用自然科学知识,力图揭示各门科学的相互联系,形成关于统一的自然知识体系。

在《百科全书》中,也包含了翻译出版的大量化学知识和矿物学方面的知识。1766年,燃素学说的代表人物,德国化学家施塔尔的《硫黄论》一书被译介成法文出版。燃素学说,是一种解释燃烧现象的理论,认为在物质中存在着一种叫作“燃素”的东西，施塔尔认为这种燃素就是火的微粒，或者叫作火质；物质燃烧的过程，也就是燃素的吸收或释放的过程。最初，拉瓦锡也是燃素学说的信奉者。

启蒙思想家的新思想，特别是关于物质世界统一性的思想，对拉瓦锡的科学工作有着直接或间接的影响。拉瓦锡生于 1743 年，正处于启蒙运动的激流中。拉瓦锡崇尚启蒙思想家，用启蒙思想家的思想指导自己的工作。拉瓦锡说，他的化学命名法著作，就是受到孔狄亚克这一思想的启示而具体进行的。他非常尊重孔狄亚克，曾多处引用孔狄亚克的观点。他在《化学基础论》的序言开篇说道，在写这部著作时，他

> 比以前更好地领悟到孔狄亚克的思想。孔狄亚克说，“我们只有通过言词的媒介进行思考。——言词是真正的分析方法。”“推理的艺术不过是一种被整理得很好的语言而已”。

在这个序言的结尾处，拉瓦锡又引用了孔狄亚克的话，以说明自己的思想与孔狄亚克的一致性。

由此，我们可以看到，启蒙运动对拉瓦锡的科学思

想和科学方法有很深的影响。

实际上,拉瓦锡不但是氧的发现者,而且是通过对化学反应的研究提出质量守恒定律的第一人,这些成就的获得,也直接或间接地受到牛顿物理学的影响。

法国对牛顿理论的接受较晚。牛顿《自然哲学之数学原理》早在1687年就出版了,然而直到1734年,也就是将近50年后,法国科学院才以纪念牛顿的名义,第一次悬赏征文,将牛顿学说系统地引入法国。

伏尔泰给予牛顿很高的评价。当人们争论恺撒、马其顿的亚历山大、成吉思汗等人谁最伟大时,伏尔泰说:

> 是牛顿最伟大,因为其他那些人物只是破坏,而伟大的牛顿却是创造。恺撒和马其顿的亚历山大,都是残暴的野蛮天性产生出来的,而牛顿却是文明所产生出来的。

由于伏尔泰、狄德罗、霍尔巴赫等启蒙思想家们的宣传,牛顿的科学思想日益为法国科学家所熟悉。

拉瓦锡生逢其时,在他从事化学研究工作时,牛顿学说已被法国科学界所广泛承认并推崇。这就使拉瓦锡一开始就受到牛顿范式的影响,这种影响使拉瓦锡在分析各种实验结果时,能抓住一个极端重要的事实,就是要解释他自己所做的磷、硫和金属煅烧的实验,以及英国化学家普里斯特利所做的同类实验。

牛顿力学建立在质量不变的假设上,这假设由于牛顿力学的成功而证明无误。牛顿还证明,质量和重量虽然是两个不同的概念,但在实验中加以比较时,它们是精确地成比例的。

拉瓦锡用经过天平准确称量的无可辩驳的证据,证明物质虽然在一系列化学反应中改变了状态,但物质的量,在每一反应的最终,与每一反应的开始,却是相同的,这可以对重量进行精确称量得出结论。

因此,不需要臆造一种与其他物质在性质上根本不同的物质,也就是具有负重量的燃素。拉瓦锡正是以牛顿的质量概念作依据,表述了质量守恒定律,并否定了具有负重量的燃素概念,发现了氧,从而完成了化学革命。

当然,对拉瓦锡思想方法产生重要影响的人物,不只有牛顿,还有法国哲学家和数学家笛卡儿等。我们在此就不做讨论了。

是谁为拉瓦锡铺平了成功之路?

在拉瓦锡时代,化学本身的发展也已经为氧的发现准备好了条件。具体点说,拉瓦锡的成功,主要是得益于气体化学的发展。

千百年来,人们一直把空气当作一种元素,这种观点非常古老,而且从未被怀疑。17 世纪早期,比利时医生范·赫尔蒙特认为,世界上只存在一种气体,这种气体不过是水所呈现的一种形式。所以,尽管他做过许多有关空气的实验,但对空气的本质并没有真正的认识。从 17 世纪中期开始,英国科学家波义耳和胡克,对燃烧、煅烧和呼吸现象又做了大量的研究,并把这些研究与空气的研究联系起来。

波义耳的同时代人,通过对燃烧现象和呼吸作用做了细致广泛的研究,对气体性质和组成才有了深入的认识。1630 年,法国医生雷伊发表了一篇论文《关于煅烧锡和铅重量增加原因的研究》。文中提出，锡铅煅烧后重量增加，是由于“浓密的空气混进烧渣中”，就像干燥的沙土吸收了水分变得更重一样。

英国医生梅西做过很多燃烧实验。他把一支蜡烛和一块樟脑放在一块浮在水面的木板上，并点燃蜡烛，然后用大玻璃罩扣上。他看到罩内水面慢慢上升了，这说明罩内空气经过燃烧后在减少。他还做了不少有关老鼠在蜡烛燃烧后的生存情况。他把一只老鼠放在罩内，点燃蜡烛，经过一段时间后，老鼠的活动能力逐渐降低，最后晕厥死亡。这说明罩内的空气被耗尽了。但当时，他们并没有认识到有不同气体的存在，还是把空气当作一种基本元素看待。

18 世纪开始，随着生产技术的发展，化学实验无论在规模上还是在技术水平上都有了大的进展。由于采用了新的实验方法，分离出来的新元素数目越来越多，尤其是随着许多气体被分离出来，人们认识到空气是许多性质相异的化学物质组成的。这一进展为新的化学树起了一根重要支柱，化学由此获得了前所未有的发展。

首先,是英国牧师赫尔斯运用集气槽,对加热物质所产生的气体进行定量研究,从中发现了多种气体的存在。1757 年,英国化学家布莱克,在定量研究石灰石反应时,证明白镁氧(也就是碱性碳酸镁)受热后会放出某种气体,证明这种气体是被石灰固定在固体中的气体,就是我们现在知道的二氧化碳气体。布莱克是最先接受拉瓦锡新理论的人之一。

1766 年,卡文迪什在金属与酸的反应中发现了氢气。1772 年,英国化学家丹尼尔·卢思福发现了不能助燃和不能维持生命的氮气。与此同时,瑞典化学家舍勒、法国化学家贝银、英国化学家普里斯特利等,都对气体化学的发展做出了贡献 。

气体化学的发展,对传统化学思想产生了极大的冲击。首先,空气不是单一的成分,它是多种气体的化合物,因此,空气是一种基本元素的古老观念动摇了。人们充分认识到,空气对于燃烧是必要的,没有空气,燃烧就不能发生。

其次,当金属在空气中煅烧时,人们观察到金属渣比金属重。到 18 世纪,人们对这些现象有了相当深入的认识。

总之，拉瓦锡氧的发现和氧化学说的建立，不但有其深刻的社会经济和科学技术发展背景，而且也有前人积累下来的坚实的科学实验和科学思想材料。社会、经济和生产技术的基础性影响，是通过它们对现存的思想材料和已有的实验成果发生作用的。而气体化学发展的成果，正好直接为拉瓦锡发现氧并且建立氧化学说，积累了思想材料，奠定了实验依据，铺平了道路。

《化学基础论》讲了什么?

《化学基础论》的原书名很长,完整的书名是《以一种新的系统秩序,容纳了一切现代发现的化学基础论》。人们将它与牛顿的《自然哲学之数学原理》、达尔文的《物种起源》一起,列为自然科学的“三大名著”。《化学基础论》的出版,是化学史上划时代的事件。书中提出的氧理论,彻底推翻了燃素理论,带来了一场全面的“化学革命”。

《化学基础论》全书包含序言、三大主体部分和附录。

拉瓦锡在序言中,特别强调了命名法和化学语言的重要性。他认为,物理科学的每一个分支,都由三样东西构成:第一,作为该门科学对象的系列事实;第二,阐述这些事实的观念;第三,表达这些观念的言辞。言辞应当展现观念，而观念则应当是事实的写照。在这里，化学被看成是物理科学的一个分支。

在这篇序言中，拉瓦锡着重论述科学方法和科学态度问题。我在这里特别提到这一点，希望读者注意。

《化学基础论》第一部分的标题是：论气态流体的形成与分解，论简单物体的燃烧以及酸的形成。

这部分的中心是，拉瓦锡对化学秩序的一种新安排，纠正以往错误，以充分的实验为根据，使之与自然秩序相一致。

开篇讲物体的结合和分解放出热量。拉瓦锡用“热素”概念表达。这里的热素就是我们通常说的热量。自然界的每一种物体，都有三种不同的存在状态，即固态、液态和气态。这三态及其变化，取决于与物体化合的热量素，热量素引起物质粒子的分离或结合。

接着讲空气，空气是一种蒸汽态的自然存在的流体，或者是流体的复合物。空气可分解为宜于呼吸与不宜于呼吸的两种成分。宜于呼吸的成分命名为氧气，叫纯粹空气或生命空气，而不宜于呼吸或有害部分就是氮气。

接着用硫、磷、碳实验,研究氧气的性质,氧气与可燃物质燃烧后化合而生成酸,拉瓦锡对这一过程做了定量分析,然后制定原则对各种酸加以命名,并用氧化度定义不同的酸,如亚硝酸或硝酸,又进一步定义了氧化物。

随后,他用实验研究水的成分,从而发现了氢气。确定了水的组成,分析了水的分解与重组形成的伴生现象,最后对中性盐进行了命名。

《化学基础论》第二部分的标题是,论酸与盐基的化合,论中性盐的形成。主要是对中性盐的命名,但标题全都是"对于某某物质的观察"。拉瓦锡将各种观察结果,把成为酸和氧化物组成部分的一切简单物质,以及这些元素各种可能的化合物,都列入其中。用拉瓦锡本人的说法,这样做的目的是,指出获得不同种类的酸的最简单的过程。

《化学基础论》第三部分是,化学仪器与操作说明。拉瓦锡在全书的序言中强调,这里"我对与现代化学有关操作,做了详细描述"。这一部分所包含的主要项目,都是他做实验时所用到的仪器和操作程序。这对我们今天了解拉瓦锡的科学成就，同样是珍贵的。虽然今日所用的化学仪器，远比拉瓦锡时代大大进步了，但我们仍然能从中获得不可多得的启示。

《化学基础论》对化学的发展，起到了非常重要的作用。

> 拉瓦锡在书中，详细叙述了推翻燃素学说的实验依据，系统阐明了氧化学说的科学理论，重新解释了各种化学现象，明确了化学研究的目标，认为化学应当是“以自然界的各种物体为实验对象，旨在分解它们，以便对构成这些物体的各种物质进行单独的检验。
>
> 拉瓦锡还发展了波义耳的元素概念，并依此提出了化学史上第一张真正的化学元素表，这张表中列入了当时已知的33种元素。拉瓦锡还依照新的化学命名法，对化学物质进行了系统命名和分类。
>
> 《化学基础论》还以充分的实验根据，明确阐述了质量守恒定律，提出了化学方程式的雏形，并把质量守恒定律提高到了一个非常重要的地位，认为

它是整个化学定量研究的基础。

《化学基础论》是一部依照新理论体系写出的化学教科书,为培养未来几代化学家的工作奠定了基础。

《化学基础论》一出版就受到各国化学界的重视,很快被译成多种文字,从而迅速肃清了燃素学说的残余,广泛传播了新的氧理论,使化学建立起从元素概念到反应理论的,全面的近代科学体系。这样,化学作为一门科学才得以最后确立。

对于《化学基础论》的重要影响,笔者要强调以下几点:

第一,如上所述,它为化学发展奠定了科学的基础。

第二,它为科学发现提供了特别重要的范例。

美国科学史家和科学哲学家库恩,用氧的发现作为范例,论证了科学发现是一个复杂的过程,不能简单地认为,一个发现是某一时刻由某人做出了这个发现,它必须使观察与概念同化,事实与理论同化,就是说,需要有一次重大的范式修改,才能真正被认为是发现。所以，科学发现既是范式变化的原因，又是范式变化的结果。这也就是说，发现中包含着范式的变化。

第三，化学家要重视实验事实。

> 事实是自然界给我们提供的，不会诓骗我们。我们在一切情况下，都应当让我们的推理得到实验的检验，而除了通过实验和观察的自然之路之外，探寻真理别无他途。

氧理论是如何建立的?

拉瓦锡是如何建立氧理论的呢?我们可以从以下四个方面进行讨论。

第一个方面,对燃素学说的批判。

前面我们讲过,在拉瓦锡从事化学研究前,化学家大都研究燃烧现象。由于所有物质燃烧都伴随着火,因而化学家普遍认为,这种火的微粒或火质就是燃素。用燃素的吸收或释放,来解释燃烧反应的理论,就是燃素学说。拉瓦锡以前的化学家都信奉燃素学说。如波义耳、舍勒、普里斯特利、卡文迪什等。

以普里斯特利为例,他研制出许多新仪器,做了许多实验,发现了许多气体,甚至研制了“活命空气”,就是能维持动物呼吸、能助燃的气体,这显然就是氧气。但是，由于他始终信奉燃素学说，并且用燃素学说来解释他的实验，结果陷入歧途无法自拔，与化学革命失之交臂。

拉瓦锡与这些信奉燃素学说的化学家不同，虽然他一开始也信奉燃素学说，但是，他通过一系列的化学实验，逐渐对燃素学说产生了怀疑。其中一个重要的实验结果就是，一些物质，如硫、磷燃烧后重量增加。按照燃素学说，物质燃烧后放出燃素，应该变轻才对。这就与重量守恒原理相矛盾。那么，唯一的解释就是，燃素具有负重量！而重量又怎么能为负？拉瓦锡正是根据这一无法解释的事实，对燃素学说产生了怀疑。

按照燃素学说，物质燃烧是一个分解反应，金属在燃烧中分解而放出燃素，而拉瓦锡坚信物质燃烧不是分解反应，而是化合反应。

拉瓦锡越来越认识到，燃素理论概念体系中存在着逻辑矛盾与不自洽性。他说：

燃素时而有重量时而无重量；它有时是游离之火，有时却是与土结合之火；它有时穿过容器壁孔，有时却又穿不过；它既解释腐蚀性又解释非腐蚀性，既解释通透性又解释非通透性，既解释有颜色又解释无颜色。它是一个每时每刻都在改变形式的真正的普罗透斯(Proteus)！

普罗透斯是希腊神话中变幻无常的海神。拉瓦锡以此说明“燃素”是个自相矛盾、捉摸不透的概念。

第二个方面，受到新研究纲领的启发。

科学研究纲领这个概念，是英国科学哲学家拉卡托斯提出的。他认为，人们对科学的评价往往不是针对单独的理论，而是一个具有相同硬核和可变保护带的理论系列。这个理论系列就称之为科学研究纲领。科学研究的突破，实质上就是一个科学研究纲领，取代另一个科学研究纲领。

就拉瓦锡的案例来看，从 1772 年开始，拉瓦锡一面揭示燃素学说的矛盾与错误，一面逐渐形成一个与之对立的新研究纲领，并规划用新的保证措施重复以前的所有实验，以验证燃素学说纲领的错误与他的新纲领的合理性。

拉瓦锡研究纲领前期的中心内容是：空气在燃烧和在金属煅烧中的作用，空气在这些反应中是分解还是结合，是问题的关键。他由此检验燃素概念，并提出自己的新概念，是新纲领的起点。

拉瓦锡有两条基本设定。第一条基本设定是，物质不能有负量；第二条基本设定是，化学反应过程中的量是守恒的。

这表明，拉瓦锡一开始就对燃素学说表示怀疑，而要用自己的实验来确立自己的新范式。他早就深信燃素学说有点不对头，推测燃烧物体也可能从空气中吸收了一点什么物质。在这个意义上我们可以说，理论框架要比一个具体实验更加重要。

新研究纲领制定以后，拉瓦锡的任务就相对明确了。现在，摆在他面前的任务，首先是进一步搞清空气的成分，以及它是怎样与燃烧物实现结合的。这也就使拉瓦锡能看出前人看不到的东西，从而导致了氧的发现。而氧的发现，就成了氧理论的硬核。

第三个方面,用观察和实验进行验证。

有了新的思想观念和理论框架,就可以形成清晰的思路、逻辑推理和结论,但真正形成科学理论,则必须进行相关的实验来对原有的设想、推断、猜测乃至理论进行观察、检验和论证。

我们从《化学基础论》可以看出,第一部分共 17 章,其中前 16 章多是“论”,最后一章,即第 17 章,其标题是“对于成盐基及中性盐形成的继续观察”;进入第二部分,共 44 章,其标题全部是“对…… 的观察”。从中我们不难体会到,观察在拉瓦锡心目中,具有何等重要的地位!

但拉瓦锡又极其重视理论,在第三部分,讲“化学仪器与操作说明”,除第 3 章标题用“说明”之外,其余标题全都用“论”。拉瓦锡在这本重要著作中这样安排,我相信绝非偶然。在此我不敢做随意的猜测,留待读者思考。

拉瓦锡重视实验,并且亲自做了无数次实验。呼吸现象、燃烧现象、发酵现象、成盐现象,等等,他都用实验去分析和验证。氧理论的每一步进展,都是与实验分不开的。拉瓦锡说：

> 实施实验的方法，尤其是实施现代化学实验的方法，尚不为人所共知，却应当为人所共知；假如我在已经提交给科学院的学术论文中，特别详细地叙述了我的实验操作的话，我本人对此就会有更好的理解，科学也许会更迅速地进步。

第四个方面，科学共同体之间的协作。

科学共同体，是由科学观念相同的科学家所组成的群体。在拉瓦锡发现氧并提出氧理论的过程中，科学共同体在其中起了重要的作用。

客观地说，氧的发现是一个历史过程。这也就是说，氧并非拉瓦锡一个人发现的。准确地说，是拉瓦锡第一个了解到氧在燃烧过程中的作用，从而确认了氧的存在。在这个过程中，许多拉瓦锡的前辈和同事，都对氧的发现和氧理论的形成、发展，做出了贡献。

我们以氧化汞的实验为例。化学家贝银第一个将氧化汞加热分解，并将分解出来的空气收集起来，但他却把这种气体当成是“固定空气”。普里斯特利接过贝银的工作,他认识到,加热氧化汞所得到的气体不是“固定空气”,他认为是三种氮空气中的一种。第三位做这个实验的人是舍勒,他把这种气体称为“火焰空气”。舍勒还与他的好友贝格曼做过长久讨论,他们猜想,金属汞中原本就含有燃素空气,燃烧时它把燃素给了汞灰,自己就变成助燃的“火焰空气”。

以上这些化学家们之所以做这样的猜想,是因为他们都相信燃素学说,他们的思想都被燃素学说束缚着。实际上,他们只要抛弃燃素学说,就能立即认识到,那种气体就是氧气。其实这个化学反应极其简单,就是氧化汞被加热后,分解成金属汞和氧气。

客观上说,前面几位化学家都制得了氧气,但他们由于受到旧范式燃素学说的束缚,都相信自己发现的是燃素,却并没有认识到是氧气。只有拉瓦锡冲破了旧范式的束缚,才使他“既觉察到这一发现,同时又理解到他所发现的东西是什么”。

但是,从发现的过程来说,我们应当对前面几位化学家的工作给予高度评价,因为他们设计出这样简单的实验，也许是拉瓦锡当时没有想到的。他们实际上已经发现了氧，只是没有认识到和理解到而已。正是拉瓦锡，驱散了围绕在其中的团团迷雾。

如果说失败是成功之母，那么，拉瓦锡发现氧这个新生儿，自然就含有他之前那些化学家所做工作的贡献。

科学共同体的贡献，还包括拉瓦锡与他们私下的交往、通信等活动，这些活动对拉瓦锡氧的发现和氧理论的提出，都有不同的启发作用。尤其是普里斯特利在关键时候，把自己的实验结果，甚至细节，都告诉了拉瓦锡。拉瓦锡是听了普里斯特利的介绍后，才做了关于氧化汞分解实验的。

这个科学共同体还为氧理论的发展，做了大量的工作，包括建立新的化学命名法，撰写新的化学教科书，共同批判燃素学说和共同创办新刊物《化学年鉴》等。所有这些工作，为氧理论的发展都做出了不可或缺的贡献。

由氧的发现和氧理论的形成所导致的化学革命，是化学史上的大事件。它扫清了化学发展道路上的障碍，奠定了现代化学的基础，指明了化学研究的方向和任务，使化学成为 19 世纪自然科学的带头学科，同时也促进了其他学科的发展。

拉瓦锡所创造和运用的科学方法,对化学以及其他学科的发展产生过深刻的影响。他运用天平作为定量分析的工具,第一次表述了物质不灭定律,并把定量方法提高到新的水平。

拉瓦锡关于单质和化合物的划分,为英国化学家道尔顿科学原子论的提出奠定了基础。他从元素和化合物性质的研究出发,促进了大量新元素的发现,并提出了包括 33 种元素在内的第一张化学元素表,还依照新的化学命名法,对化学物质进行了系统的命名和分类。他的工作增加了对元素之间关系和变化的了解,并导致对元素分类的研究,从而为发现化学元素周期律准备了条件。

拉瓦锡依照新理论体系写出的化学教科书——《化学基础论》,为培养其后几代化学家的工作奠定了基础。他开创了解决实用问题和探讨理论问题相结合的先河。

拉瓦锡《化学基础论》,是历史上科学创新的典范,值得我们认真地阅读。

拉瓦锡的科学精神永放光芒!

中　篇

化学基础论(节选)

Elements of the Chemistry

第一部分

论气态流体的形成与分解，论简单物体的燃烧以及酸的形成

Of the Formation and Decomposition of Aeriform Fluids, of the Combustion of Simple Bodies, and the Formation of Acids

与我们大气的形成和组成有关的一般看法

大气的几个组成部分的命名

论用硫、磷与炭分解氧气，酸形成通论

论酸的普通命名，尤其是从硝石和海盐中提取的酸的命名

论水的基本要素，论用炭和铁对其进行分解

与我们大气的形成和组成有关的一般看法

我所采取的有关弹性气态流体或气体的这些看法，极有助于阐明行星大气，尤其是我们这个地球的大气最初形成的情况。我们很容易设想，它必定是下列物质的一种混合物：第一是可以蒸发的所有物体，更严格地讲是能够在我们大气的温度下，在与气压计的 28 吋[①]水银柱相当的压力下，保持气体弹性状态的所有物体；第二是能够被这些不同气体的混合物所溶化的一切物质，不论是液体还是固体。

最好是确定我们关于这个问题的思想，这个问题迄今还没有得到充分的考虑，让我们设想一下，假若地球的温度突然变了，组成我们地球的各种物质中会发生什

① 吋，英寸的简写，1 英寸＝2.54 厘米。——编辑注

么变化。例如,假若我们被突然送到水星的范围之内,那里的常温很可能比沸水的温度高得多,那么,地球上的水以及在接近沸水温度时可呈气态的所有其他流体,甚至水银,都会变得极为稀薄;所有这些物质都会变成永久的气态流体或气体,而成为新的大气的一部分。这些新的空气或气体种类就会与那些业已存在的气体混合,发生相互的分解和新的化合,直至存在于所有这些新旧气态物质之间的一切有择吸引力或有择亲和力完全起作用时为止;此后,组成这些气体的基本要素被饱和,才会静止下来。

然而,我们必须注意这一点,即甚至在上述假设的情况下,这些物质的气化也会有个界限,而这个界限正是由这种气化本身所产生的;因为大气压会随弹性流体的增加而成比例地增大,任何一点压力多少都会阻止气化,就是最易气化的流体也能抗拒极高温度的气化作用,如果按比例地加压,水和其他流体在帕平蒸煮器(Papin's digester)中就能保持炽热状态。我们必须承认,新的大气终会达到某个重度以致还没有气化的水停止沸腾,并且保持液体状态;因此,照这种想象,对于同样性质的所有其他物质,大气重力的增加都会达到某个不能超过的极限。我们也许可以进一步扩展这些想法,考察石头、盐以及组成我们地球的物体的绝大部分可熔物质会发生什么变化。这些东西会软化、熔化,变成流体,等等。不过这些推测使我离开了我的目的,我得赶紧回到我的目的上来。

按照与我们已经形成的想象相反的一个想象,假若地球竟然被送进某个极为寒冷的区域,那么现在组成我们的海洋、江河和流泉的水,以及我们所知道的可能更多的流体,就会变成密实的山脉和坚硬的岩石,它们本来像水晶一样透明、均质,但是由于与外来的异种物质混合,迟早会变成带有各种颜色的不透明岩石。在这种情况下,空气,至少是现在组成我们大气的气态流体的某些部分,由于缺乏使其保持流体状态的足够温度,无疑会失去其弹性:它会回到液体存在状态,而且还会形成新的液体,我们目前还不能就其性质形成隐约的想法。

这两种相反的想象清楚地证明了下列定理(corollary):第一,固性(*solidity*)、液性(*liquidity*)和气态弹性(*aeriform elasticity*)是同一种物质仅有的三种不同存在状态或三种特殊变态,几乎所有的物质都可被依次设想为这些状态,而这些状态唯一取决于它们所经受的温度;或者换句话说,取决于渗入其中的热素的数量。[①] 第二,极为可能的是,空气是一种以蒸气状态自然存在的流体;或者我们可以更好地表达为,我们的大气是在常温和普通压力下所能呈蒸气弹性状态或永久弹性状态的所有流体的一种复合物。第三,并非不可能的是,在我们的大气中我们也许可以发现某些天然地极为坚实的物质,甚至是金属;因为金属物质,例如仅仅比汞更易挥发一点的某种金属,可能存在于那种情况之中。

在我们所知道的流体当中,某些流体,譬如水和酒精,可以按各种比例混合;而相反,另一些流体,如水银、水和油,只能瞬时地结合;而且在混合到一起之后,它们便分离开来,按照各自的比重排列。大气中应当会发生,至少也许会发生同样的事情。可能,甚至极为可能的是,最初形成的气体和平常形成的气体难以与大气混

① 必须考虑它们所受压力的程度。——英译者注

合,不断从中分离。如果这些气体与大气相比特别轻,当然,它们必定会聚集在较高的区域,形成飘浮在普通空气之上的气层。伴有似火效应的大气现象使我认为,在我们大气的上部存在着一个与产生北极光现象及其他类燃烧现象的空气层相接触的可燃流体气层。——我打算以后在一部单独的论著中继续讨论这个问题。

大气的几个组成部分的命名

到目前为止,我不得已一直采用迂回说法来表示构成我们大气的几种物质的本质,暂时使用了空气的适宜于呼吸、有害或不适宜于呼吸的部分等术语。但是,我打算进行的研究需要更直接的表达方式;而且,由于现在已经就构成大气的组成部分的不同物质尽力给出了简单而清楚的思想,今后我将用同样简单的言词表达这些思想。

我们地球的温度十分接近于水成为固体及由固体相应的变为流体时的温度,而且,由于这种现象通常都发生在我们的观察之下,由此自然得出,至少在每个有冬季温度的地带的语言中,都有一个术语用来表示失去了热素的固态水。然而,尚未发现必定就有一个名称表示由于增加热素的量而变成蒸汽状态的水;由于那些并不特别研究这种对象的人们仍然不知道,当温度只比沸腾热高一点点时,水就变成一种弹性气态流体,像其他气体一样,能被容纳或装于器皿之中,而且只要仍然处于80°的温度上[①]及不超过汞气压计28吋的压力下,它就维持其气体状态。由于一般没有观察这种现象,因此没有哪种语言使用一个特别的术语来表示这种状态的水;[②]就一切流体以及处于我们大气的普通温度及平常压力而不蒸发的所有物质来说,出现的也是同样情况。

由于类似的原因,大多数气态流体的液态或有形状态也一直没有被赋予名称。人们以前不知道它们是由热素与某些基化合而产生的;而且,由于没有看见它们处于液态或者固态,因此甚至连自然哲学家们都不知道它们以这两种形式存在。

我们没有妄自更换这些被古来的习惯神圣化了的术语,而继续在通常的词意上使用水和冰这两个词。我们照样保留空气这个词来表示组成我们大气的那种弹

① 本书中出现的热度,是作者根据列氏温标陈述的。——英译者注

② 在英语中,水蒸气(*steam*)一词专门用来指蒸汽(vapour)状态的水。——英译者注

性流体的集合;但是我们并没有认为必须同样看重被近来的哲学家们所采用的现代术语,而认为我们自己有权抛弃诸如此类被用来表示物质,而看上去易于引起错误的物质观念的术语,无论是以新术语代替的,还是采取在对旧术语加以限定之后,再用来表达更为确定的观念这样一种方式所采用的。新词主要按照其词源所表示的关于那种要被代表的东西的某种观念这样一种方式,取自希腊语;而且我们总是尽力让这些词简短,并且使其具有可变成形容词和动词的特性。

遵循这些原则,我们已经仿照马凯(Macquer)先生的范例,保留了范·赫尔蒙特所使用的气体(*gas*)这个术语,把很多种弹性气态流体归在这个名称之下,唯将大气除外。因此,气体在我们的命名法中就成了一个全称术语,表示任何物体最高程度地被热素所饱和;事实上,这是一个表示存在方式的术语。为了对每种气体加以区分,我们使用由基的名称衍生而来的另一个名称,这种基被热素所饱和,形成每种特殊的气体。于是,我们把与热素化合而饱和形成弹性流体的水命名为水汽(*aqueous gas*);把按同样方式化合了的醚命名为醚气

(*etherial gas*);醇与热素的化合物就是醇气(*alcoholic gas*);遵循同样的原则,对于每种易与热素化合的物质,都设想它们呈气态或弹性气态,按这种方式,我们就有盐酸气(*muriatic acid gas*)、氨气(*ammoniacal gas*)等等名称。

我们已经明白,大气是由两种气体或弹性流体组成的,其中的一种通过呼吸能够有助于动物的生命,金属在其中可煅烧,可燃物体在其中能燃烧;相反,另一种则具有正好相反的特性;它不能被动物呼吸,既不容许易燃物体燃烧也不容许金属煅烧。我们由 *οζυs* 即 *acidum*① 以及 *γεivoμαl* 即 *gignor*② 将前者或者空气的适宜于呼吸部分的基命名为氧(*oxygen*);因为实际上,这种基最一般的性质之一,就是能与许多不同物质化合形成酸。我们把这种基与热素的结合称作氧气(*oxygen gas*),它与以前叫作纯粹或生命空气(*pure* or *vital air*)的东西是同一种东西。这种气体在 10°温度及与气压计 28 吋

① 希腊文和拉丁文,意为“酸”。——中译者注
② 希腊文和拉丁文,意为“产生者”。——中译者注

相等的压力的重量,是每立方吋半格令[①],或者是每立方呎一盎司[②]半。

由于大气的有害部分的化学性质迄今只知道一点点,因此我们已经满足于根据它具有杀死那些被迫呼吸它的动物的这种已知性质,得出其基的名称,由希腊文否定词 α 和 $\zeta\omega\eta$ 即 *vita*[③] 把它命名为氮(*azote*);所以,大气的有害部分的名称 就是氮气(*azotic gas*);在同样温度和同样压力下其重量是每立方呎 1 盎司 2 格罗斯[④] 48 格令,或每立方吋 0.4444 格令。我们不能否认,这个名称看上去有点怪;但是对于所有的新术语来说,情况必定如此,新术语直到某个时候通行之前,不能指望人们就熟悉它们。我们长期尽力寻找一个更恰当的名称,却没有成功;最初提出把它叫作碱气(*alkaligen gas*),因为根据贝托莱先生的实验,它似乎是氨或挥发碱的组成部分;但是我们至今尚无证据表明它是其他各种碱的

---

① 重量单位,1 格令约等于 0.065 克。——编辑注

② 盎司既是重量单位又是容量单位。——编辑注

③ 希腊文和拉丁文,意为"生命"。——中译者注

④ 格罗斯,当时法国重量单位。——编辑注

一种组成元素;此外,它被证明是硝酸的组成部分,这就为以前把它称为氮(*nitrogen*)提供了很好的理由。由于这些原因,由于发现有必要抛弃按照系统的原则所提出的任何名称,我们认为我们在采用氮(*azote*)和氮气(*azotic gas*)的术语时没有犯错误的风险,这术语表达的只是一个事实,或者说表达它所具有的使呼吸它的动物丧失生命这样一种性质。

假若我在这个地方开始讨论几种气体的命名法的话,我就应当提前讨论更适合于留在以下各章中的主题:在本书的这一部分,足以制定出据以得到这些气体的名称的各种原则。我们采用的这种命名法的主要优点就是,一旦有一个适当的术语来辨识一种简单的基本物质,那么就可以很快由这个第一名称必然地导出其所有化合物的名称。

论用硫、磷与炭分解氧气,酸形成通论

在做实验的过程中,一个绝不应当违背的必要原则就是,实验要尽可能地简化,每个能使实验结果变得复杂的情况都要仔细地予以消除。为此,在构成本章对象的实验之中,我们绝不使用大气,因为它不是简单物质。构成其混合物的一部分的氮气,在燃烧和煅烧中确实仅仅处于钝态;但是,除了它非常严重地妨碍这些操作之外,我们并非有把握认为它在某种情况下不会改变其结果;由于这个理由,我认为必须在下述表明纯氧气中的燃烧所产生的种种效应的实验中,只使用这种气体,来消除可能引起这种疑虑的原因;当氧气或纯粹的生命空气以不同比例与氮气相混合时,我将会谈到发生这些结果之中的各种差异。

将容量为六七品脱[①]的玻璃钟罩 A(图版Ⅳ[②],图 3)充满氧气之后,我用一个下面滑溜的浅底玻璃盘将其从充满水的水槽中移进水银浴中,并且在使汞干燥之后,将 $61\frac{1}{4}$格令的孔克尔磷(Kunkel's phosphorus)导入玻璃钟罩 A 下面两个像 D(图版Ⅳ,图 3)所描绘的小瓷杯之中;而且,我可以分别点燃每一份磷,而为了防止一个盘子的引燃另一个盘子的,其中一个盘子要用一块玻璃板盖住。然后,我用弯管 GHI 吸出一份足够的氧气,使水银在玻璃钟罩内升至 EF 处。此后,我用红热状的弯铁丝(图版Ⅳ,图 16),相继点燃两份磷,先点燃没用玻璃板盖住的那一份。燃烧极为迅速,伴有耀眼的光芒,放出大量的光和热。由于引起的强热,气体首先大量膨胀,但此后不久汞就恢复到原来的水平面上,气体被大量吸收;同时,玻璃钟罩的内壁被层层固化了的白亮的磷酸所覆盖。

在以上所说明的这个实验的开始,氧气的量化为普

① 容积单位。——编辑注
② 本书谈及的图版附在中篇文末。——编辑注

通标准总量时为 162 立方吋；在燃烧结束之后，同样化为该标准，则只剩下 $23\frac{1}{4}$ 立方吋；因此燃烧时吸收的氧气的量是 $138\frac{3}{4}$ 立方吋，等于 69.375 格令。

杯底剩下的一部分磷没有被消耗掉，将其冲洗下来与酸分开，重约 $16\frac{1}{4}$ 格令；因此，约有 45 格令的磷燃烧了。但是，由于不可能避免一二格令的误差，就此而言，我认为余下的量是可靠的。因此，在这个实验中，由于约 45 格令的磷与 69.375 格令的氧结合，由于有重量的物质不能穿过玻璃冒出来，所以我们就有权断定，由燃烧产生的白色片状物质的重量，必定等于所用磷和氧的重量，也就是 114.375 格令。我们不久就将发现，这些片状物完全由一种固体酸或固化酸所组成。当我们把这些物质的重量折算为 100 份时，就会发现，100 份磷需要 154 份氧来饱和，这种化合将产生 254 份白色羊毛似的片状固化磷酸。

这个实验以最使人信服的方式证明，在一定的温度上，氧所具有的对磷的有择吸引或亲和力强于对热素的有择吸引或亲和力;因此,磷吸引氧气的基,使其脱离热素,而被离析出来的热素便使自己扩散于周围物体上。不过,虽然这个实验这么具有完全的决定性,但它仍不具有足够的严密性,因为在所描述的装置中,不可能弄清所形成的片状固化酸的重量。我们只能通过计量所用的氧和磷的重量来确定它;但是,由于在物理学和化学中,对能用直接实验弄清的东西进行猜想,是不可允许的,因此,我认为必须在更大的规模上,用一套不同的装置重复这个实验如下。

我取一个直径为三吋开口的球形玻璃瓶 A(图版Ⅳ,图 4),配一个用金刚砂磨了的水晶瓶塞,塞上打有两个孔插管子 yyy 和 xxx。在用塞子塞上球形瓶之前,我放进一个支座 BC,支座顶上放一瓷杯 D,杯中装有 150 格令磷;然后把塞子装到球形瓶口上,用厚厚的封泥封住,盖上涂有生石灰和蛋白的亚麻布。当封泥完全干燥时,整个装置的重量经测定在一格令或一格令半之内。接着,我用一个接在管子 xxx 上的气泵抽空球形瓶,然后用配有一个活塞的管子 yyy 导入氧气。用默斯尼尔(Meusnier)先生和我在 1782 年《科学院文集》第 466 页所描述的水气机(hydropneumatic Machine),能极容易极精确地完成这种实验,由于默斯尼尔后来所做的增补和更正,在本书后面的部分将对这种水气机加以解释。用这个仪器,我们能以极精确的方式,弄清导入球形瓶中的氧气的量及实验过程中消耗的氧气的量。

当一切准备就绪时,我就用一面取火镜(burning glass)引燃磷。燃烧极为迅速,伴有耀眼的光芒和大量的热;由于实验过程能继续进行,大量白片贴在球形瓶的内表面,最后使球形瓶变得极不透光。这些白片最后变得如此之多,以致虽然不断补充本已维持了燃烧的新鲜氧气,然而磷却很快就熄灭了。让装置完全冷却下来之后,我首先弄清了所使用的氧气的量,并且在打开球形瓶之前对其精确称量。我接着冲洗下杯子中剩下的少量磷,并且使其干燥,进行称量,以便确定实验中消耗的磷的总量;磷的这种残留物是黄赭色的。显然,靠这几个预防措施,我可以容易地确定,第一,所消耗的磷的重量;第二,由燃烧产生的白片的重量;第三,与磷化合的氧的重量。这个实验得到了与前一个实验极为接近的同样结果,因为它证明,磷在其燃烧过程中吸收的氧的重量只比其本身重量的一倍半稍稍多一点;我更有把握地认识到,该实验中产生的新物质的重量恰好等于所消耗的磷的重量与所吸收的氧的重量之和,这的确易于演绎地确定。如果所使用的氧气是纯的,那么燃烧之后的残留物就与所使用的气体一样纯;这证明没有什么东西能够离开磷去改变氧气的纯度,证明磷的唯一作用就是把以前与热素结合着的氧与热素分离开来。

我在上面提到,当任何可燃物体在一个中空的冰球或完全按这个原理构造的一套装置中燃烧时,燃烧过程中融化的冰量正好就是被释放的热素的量。关于这一点,可查阅德·拉普拉斯先生和我提交的论文(1780年,第355页)。在对磷的燃烧做了这种试验之后,我们发现,一磅磷在其燃烧过程中熔化了100磅多一点的冰。

磷在大气中的燃烧与在氧气中的燃物同样彻底,差异在于,由于与氧气相混合的比例很大的氮气的妨碍,使得磷在大气中的燃烧要缓慢得多,而且,由于只有氧气被吸收,氮气的比例变得很大,有利于终止实验使燃烧结束,以致所使用的空气只有五分之一被吸收。

我已经指出过,磷经燃烧变成了一种极亮的白色片状物质;而且其性质完全被这种转化所改变:它不仅由不溶于水而变成可溶的,而且极为贪潮以致吸引空气中的湿气迅速得惊人;它用这种方式变成一种比水稠得多,比水的比重大的液体。磷在燃烧前所处的状态中,几乎没有任何感觉得到的味道;通过与氧结合,它获得了一种极强烈的酸味:一句话,它由一种可燃物体变成了一种不可燃物质,并且成为被称作酸的那类物体中的一种。

不一会儿我们就会发现,可燃物质由于加氧而被转化成为酸的这种性质,为许多物体所具有。因此,严密的逻辑要求我们采用一个一般的术语,来表示所有这些产生类似结果的操作;这是简化学习科学的真正途径,因为不分类整理就记住所有细节是完全不可能的。因此,我们将用氧化(*oxygenation*)这个术语来表示磷由于与氧结合而向酸的转化,以及更为一般的,氧与可燃物质的每种化合:据此,我将采用动词氧化(*oxygenate*),而且因此要说,在氧化(*oxygenating*)磷的过程中,我们将其转化为酸。

硫也是一种可燃物体,或者换言之,它是一种具有把氧从曾与之化合的热素那里吸引过来而使氧气分解的能力的物体。这可以通过与我们用磷所做的实验极为相似的实验,非常容易地得到证明;不过有必要提出这个前提,即在用硫所进行的这些操作当中,不能指望结果与用磷所进行的操作结果同样精确;因为硫的燃烧所形成的酸难以凝结,还因为硫的燃烧较为困难,而且硫可溶于不同气体之中。但是,由我自己的实验,我可以有把握地断言,燃烧中的硫吸收氧气;产生的酸比燃烧了的硫重得多;其重量等于燃烧了的硫的重量与吸收的氧的重量之和;最后,这种酸重而不燃,能以任何比例与水相溶合。关于这一点所剩下的唯一不确定的东西,只是关于成为该酸的组成部分的硫和氧的比例。

按照我们目前关于炭的所有知识,它必定被看成是一种简单的可燃物体,炭也具有吸收氧气的基使之与热素分离从而分解氧气的性质,但是由这种燃烧产生的酸在常温下并不凝结;在我们大气的压力下,它处于气体状态,需要很大比例的水与其化合或使其溶解。然而,虽然程度较弱,这种酸却具有其他酸所有已知的性质,而且它和它们一样,与能形成中性盐的所有的基化合。

炭在氧气中的燃烧可以像磷在置于汞上面的玻璃钟罩 A(图 版Ⅳ,图 3)中的燃烧那样完成,但是,由于红热状态的铁的热不足以点燃炭,我们就得加一粒很微小的磷作为一点点引火物,照用铁点火所做的实验中说明的方式去进行。这个实验的详细说明,可在 1781 年《科学院文集》第 448 页中找到。通过这个实验,似乎 28 份重量的炭需要 72 份氧来饱和,而且,所产生的这种气态酸的重量正好等于所使用的炭和氧气的重量之和。这种气态酸曾被最初发现它的化学家们称作固定空气或可固定空气(*fixed* or *fixable air*);他们当时并不知道它是否就是与那种被燃烧所污染或腐蚀了的大气或其他弹性流体相似的空气;但是,因为现已弄清,它是一种酸,就像通过其特定基的氧化而形成的所有其他酸一样,因此,固定空气这个名称显然就是极不可取的了。①

通过在第 35 页②所提到的装置中燃烧炭,德·拉普

---

① 虽然这里被作者省略了,但可以适当注意到,依照新命名法的一般原理,此酸被拉瓦锡先生及其同事们称作碳酸,处于气态时称作碳酸气。——英译者注

② 见《化学基础论》北京大学出版社的全译本第 35 页,本书末节选该部分内容。——编辑注

拉斯先生和我发现,一磅炭熔化 96 磅 6 盎司的冰;燃烧过程中,有 2 磅 9 盎司 1 格罗斯 10 格令的氧被吸收,形成 3 磅 9 盎司 1 格罗斯 10 格令的酸。这种气体在上面提到的普通标准的温度和压力下每立方吋重 0.695 格令,因此一磅炭燃烧产生 34.242 立方吋的酸气。

我可以成倍地增加这些实验,并可以用为数甚多的一个接一个的事实说明,所有的酸都是由某些物质燃烧形成的;但是,我所制定的由已弄清的事实到未知的东西,以及只从已经得到解释的细节引出例子的计划,阻止我在这个地方这么做。不过,在此期间,上面引证的这三个例子或许足以对酸形成的方式给出一个清晰、精确的概念。通过这些例子,可以清楚地看到,氧是所有由其构成酸性的物质所共有的一种元素,这些物质随被氧化或被酸化的物质本性的不同而相互区别。因此,在每一种酸中,我们必须注意对可酸化的基,即德·莫维先生所称的根(*radical*),与酸化要素或氧加以区分。

论酸的普通命名,尤其是从硝石和海盐中提取的酸的命名

根据上一章[1]所制定的原则,极容易制定酸的系统命名法:由于酸这个词被用作全称术语,每种酸在语言上自然就由其基或根的名称区分开来。这样,我们就把酸的总称赋予磷、硫和炭的燃烧或氧化产物;这些产物分别被称为*磷酸*(*phosphoric acid*)、*硫酸*(*sulphuric acid*)和*碳酸*(*carbonic acid*)。

然而,在可燃物及部分可转化为酸的物体的氧化过程中,有一件值得注意的事情,即它们与氧可以有不同的饱和度,而且,所产生的酸虽然是由相同的元素结合而形成,但依比例的差异而具有不同的性质。关于这一点,磷酸,尤其是硫酸,给我们提供了例子。当硫与小比

① 指原书第 5 章。——编辑注

例的氧化合时,它就形成一种处于第一或较低氧化度的挥发性酸,该酸有刺激性气味,具有非常特殊的性质。用较大比例的氧,它就变成一种没有气味的固定的重酸,而且它与其他物体化合得到的产物与由前者提供的产物差异甚大。在这种情况下,我们的命名原则似乎是失败的;而且似乎不啰唆就难以由可酸化基的名称导出那些清楚地表达这两种饱和度或氧化度的术语来。然而,通过对这个问题的思考。或者更确切地说是出自这种情况的必然性,我们一直认为,简单地改变它们的特殊名称的词尾来表达酸在氧化过程的这些变体,是可以允许的。从前施塔尔所知道的由硫产生的挥发酸名叫亚硫酸(*sulphurous acid*)。[1] 我们已经保留了这个术语,表示未被氧充分饱和的硫所产生的这种酸;用硫酸这个名称表示另一种完全饱和或氧化了的酸。因此,我们将用这种新的化学语言来说,硫在与氧化合的过程中

---

① 英国化学家们以前用来表示这种酸的术语写作 *sulphureous*;不过我们认为像上面那样拼写才合适,因为这样可以更好地与后面所采用的 *nitrous*(亚硝)、*carbonous*(亚碳)等等的词尾一致。我们一般用英语词尾 *ic* 和 *ous* 译述作者的带有 *ique* 和 *eux* 词尾的术语,几乎无任何其他变化。——英译者注

可有两种饱和度：第一饱和度或低饱和度构成亚硫酸，该酸是挥发性的和刺激性的；第二饱和度或高饱和度产生硫酸，该酸是固定的和无气味的。我们将采用词尾的这种差异表示所有取几种饱和度的酸。因此，我们就有亚硫酸、亚醋酸和醋酸(an acetous and an acetic acid)以及类似情况下的其他名称。

假若每种酸本身被发现时人们就知道其基或根的话，那么化学科学的这一部分就会极为简单，酸的命名法根本就不会像现在这样在旧的命名法中被弄得混乱不堪。例如，由于磷在其酸被发现之前就是一种已知的物质，因此这后一种物质当然就用一个由其可酸化基的名称导出的术语来表示。但是，当正好相反，一种酸的发现碰巧在其基的发现之前时，或者更确切地说，当它由之形成的可酸化基尚属未知时，用来表示二者的名称连极少的联系都没有。这样，不仅记忆被无用的名称所拖累，而且，甚至学生的心智，以及经验丰富的化学家的心智，都会充满错误的观念，只有时间和思考能够将其根除。我们可以举一个硫的例子，这个混乱的例子与酸有关：以前的化学家们由铁矾(the vitriol of iron)获得这种酸,由产生这种酸的物质的名称,给它取了个名字叫作矾酸(the vitriolic acid);而且,他们当时不知道,通过燃烧由硫获得的酸恰恰就是同一种酸。

以前称为固定空气(*fixed air*)的气态酸也发生过同样的事情;由于不知道这种酸就是炭与氧化合的结果,人们就赋予它种种名称,这些名称没有一个真正表达了关于其本质或起源的观念。我们发现,如果把矾酸的名称变成硫酸,把固定空气的名称变成碳酸,那么,更正和修改与由已知基产生的这两种酸有关的老式语言,就极为容易;但是对于其基尚不知道的酸来说,不可能遵循这个方案;对于这些酸,我们只得采用一种相反的方案,不是由其基的名称来形成酸的名称,而是被迫由已知酸的名称来给未知基命名。对于由海盐获得的酸,情况就是如此。

为了使这种酸和它与之化合的碱基相分离,我们只有往海盐上倒硫酸;泡腾立即发生,带有很强的刺激性气味的白气出现,而且只要缓缓加热这种混合物,所有的酸就被驱除了。由于在我们大气的普通温度和压力下这种酸自然处于气态,因此我们就必须十分小心地将其保留在适当的容器之中。为了做小实验,最简单、使用起来最方便的装置由一个小曲颈瓶 G(图版Ⅴ,图 5)组成,里面导入很干[①]的海盐,然后我们倒上一些浓硫酸,立即把曲颈瓶口放在事先充满水银的小广口瓶或玻璃钟罩 A(同一个图版,同一幅图)之下。被分离出来的酸气按其比例进入广口瓶,到达水银的顶部,将其取代。当气体的分离减弱时,稍微加热曲颈瓶,然后逐渐加热,直至没有东西放出为止。这种酸气对水有非常强的亲和力,水吸引大量的酸气,这一点通过往装有这种气体的玻璃瓶中导入薄薄的一层水便可得到证明;因为全部酸气马上就消失而与水化合。

这后一个细节在意欲获得液态海盐酸的实验室和工厂里得到了利用;为此目的,要利用一个装置(图版Ⅳ,图 1)。其组成首先是一个平底曲颈瓶 A,其中放进海盐,然后通过开口 H 导入硫酸;第二是一个球形瓶或容器 CB,用来容纳实验过程中放出的少量液体;第三是

① 为此目的,采用称为烧爆(*decrepitation*)的操作,此操作就在于在一个合适的器皿中使其处于近于炽热状态,以使其所有的结晶水蒸发。——英译者注

各有两个口、装有半瓶水的一套瓶子 L、L、L、L,用来吸收经蒸馏分离出来的气体。这个装置将在本书的后一部分详加描述。

虽然我们既不能构成这种海盐酸,又不能分解它,但我们丝毫都不能怀疑,这种酸与所有其他酸一样,是由氧与一种可酸化基结合而成的。因此,我们照伯格曼先生和德·莫维先生的样子,由以前用来表示海盐的拉丁词 *muria* 导出这个名称,把这种未知物质叫作盐基(*muriatic base*)或盐根(*muriatic radical*)。因此,由于不能确切地确定盐酸(*muriatic acid*)的组成成分,我们就用这个术语来表示这种挥发性酸,该酸在我们大气的普通温度和压力下保持气体形态,极容易大量地与水化合,其可酸化基与酸黏附得如此密切,以致迄今尚未设计出什么方法将它们分开。如果发现盐酸的这种可酸化基是一种已知物质,尽管它现在的身份尚属未知,那就必须用一个与其基的名称相类似的名称来代替其现名称。

与硫酸及其他几种酸一样,盐酸可以有不同的氧化度;不过,过量的氧对它产生的作用与同样情况对硫的酸(acid of sulphur)产生的作用相反。低氧化度使硫变成挥发性气态酸,它只以很小的比例与水混合,而高氧化度则形成具有许多强酸性质的酸,它极为固定,不能保持气体状态,但在高温下无气味而且以很大比例与水混合。而对于盐酸,发生的情况正好相反;用氧增加饱和度使其更具挥发性,更具刺激气味,更不易与水混合,并且削弱了其酸性质。我们起初倾向于按照我们给硫的酸命名同样的方式,给这两种饱和度命名,把氧化程度较小的叫作亚盐酸(*muriatous acid*),把被氧饱和较多的称为盐酸。但是,由于后者在其各种化合作用中产生了非常特殊的结果,由于化学中尚不知有什么东西与其类似,因此,我们就把盐酸的名称留给了饱和程度较低者,而给后者一个复合的名称,即氧化盐酸(*oxygenated muriatic acid*)。

尽管从硝石(nitre or saltpetre)提取的这种酸的基或根较为熟知,但我们却认为只有同样用盐酸的名称来规定其名称才是恰当的。用与所描述的提取盐酸的程度相同的程序,用同样的装置(图版Ⅳ,图1),加入硫酸,从硝石提取它。按该酸放出的比例,它在球形瓶或容器中部分冷凝,其余部分被瓶子 L、L、L、L 中所盛的水所吸收;水依酸的浓度比例起初变绿,然后变蓝,最后变黄。在这个操作过程中,混有少部分氮气的大量氧气被分离出来。

这种酸与其他所有酸一样,由与一种可酸化基相结合的氧组成,而且恰恰就是已完全弄清氧就存在于其中的那第一种酸。它的两种组成元素结合得很弱,提供任何与氧的亲和力比这种酸特有的可酸化基对氧的亲和力更强的物质,就易于将这两种组成元素分离出来。最初,通过这种类型的某些实验发现,氮,即毒气或氮气的基,构成了其可酸化基或可酸化根,因而,硝石的酸实际上是一种硝酸,由作为其基的氮与氧化合而成。由于这些原因,我们很想能始终如一地遵循我们的原则,似乎不用氮的名称来称呼该酸,就得把该基命名为*硝根*(*nitric radical*);但是,下述考虑阻止我们采用这两个名称中的任何一个。一方面,看来难以改变硝石的名称,这个名称在社会上、制造业和化学中已被普遍采用;另一方面,贝托莱先生已发现氮是挥发性碱或氨的基,我们认为根据这种酸而将它称作硝根也不合适。因此,我们仍然用氮这个术语表示这个部分大气的基，亦即硝根或氨根；而且，我们已经对硝石的酸命了名，按照其所处的低和高氧化度，将前者称为亚硝酸(*nitrous acid*)，将后者称为硝酸(*nitric acid*)；这样，就保留了其得到适当修改的以前的名称。

几位极有名望的化学家曾经不赞成这样尊重这些旧术语，希望我们丝毫不要考虑古代的惯用法，而坚持完善一种新的化学语言；结果，由于沿着一条中间道路，使我们受到一个化学家宗派的非难，并且受到对立党派的忠告。

硝石的酸依其氧化度及作为其组成部分的氮和氧的比例，可以取许多独立的状态。它由第一或最低氧化态，形成一种特殊的气体，我们将依旧把它称为亚硝气(*nitrous gas*)；它大约由两份重量的氧与一份重量的氮化合而成；它在这种状态不溶于水。氮在这种气体中并没有被氧饱和，相反，它对这种元素仍有很大的亲和力，而且甚至它一与大气接触就将其从中吸引出来。亚硝气与大气的这种化合甚至已经成为确定空气含氧量的方法之一，从而也就成为弄清空气对健康的有益程度的方法之一。

氧的这种增加,使亚硝气转变成为一种强酸,该酸对水有很强的亲和力,而且其本身就有不同的氧化度。当氧与氮的重量比低于3∶1时,该酸呈红色,并散发出大量的酸雾。它在这种状态经微热放出亚硝气,我们把处于这种氧化度的物质称为*亚硝酸*(*nitrous acid*)。

当四份重量的氧与一份重量的氮化合时,该酸清澈无色,在火中比亚硝酸固定,气味较少,而且其组成元素结合得较牢固。依照我们命名法原则,这种酸称为*硝酸*(*nitric acid*)。

因此,硝酸就是超载了氧的硝石酸;亚硝酸就是超载了氮或者说超载了亚硝气的硝石酸,后者就是没有被氧所充分饱和的、具有酸的性质的氮。对于这个氧化度,我们在本书的以后部分已经给它赋予了*氧化物*(*oxyd*)这个一般名称。①

---

① 严格按照新命名法的原则,表示氮处于几种氧化度的术语应当如下:氮、氮气(与热素化合了的氮)、氧化氮气、亚硝酸、硝酸,不过作者给出了他在这种情况中违背原则的理由。——英译者注

论水的基本要素,论用炭和铁对其进行分解

直到不久前,水都一直被认为是一种简单物质,以致较老的化学家们认为它是一种元素。对于他们来说这是毋庸置疑的,因为他们不能将其分解;至少是由于完全忽视了每天在他们眼前发生的分解。但是我们却打算证明,水不是一种简单物质或基本物质。我在这里不是要妄撰这个迄今尚有争议的发现史,这在 1781 年的《科学院文集》中已有详述,而只是提出关于水的分解和成分的证据;我也许敢说,这些证据对于那些公正地对待它们的人来说将是有说服力的。

第一个实验

将直径为 8 吩[①]至 12 吩的玻璃管 EF(图版Ⅶ,图 11)穿过炉子固定起来,从 E 到 F 略为倾斜,将较高的 E 端与盛有一定量蒸馏水的玻璃曲颈瓶 A 套接上并用封泥封住,在较低的 F 端接上旋管 SS,旋管的另一端插入双管瓶 H 的一个瓶颈内,双管瓶的另一个瓶口接上弯管 KK,以这样的方式以便在实验时将可被分离的那些气态流体或气体输送进某个适当的测定其数量和特性的装置之内。

为使这个实验有把握成功,管子 EF 须用经很好退火处理且难熔的玻璃制作,而且须用混有粉末状粗陶的黏土封泥涂在其外面;此外,管子还必须用一根穿过炉子的铁棒托住中部,以免实验时变软变弯。要是不难弄到完全没有微孔以致空气或蒸汽不能泄出的瓷管的话,选用瓷管其实就比玻璃管更能满足这个实验的需要。

这样安排就绪时,就在炉子 EFCD 中点火,火的强

① 长度单位。——编辑注

度维持在使管子 EF 炽热而又不至于熔化的程度；同时，在炉子 VVXX 中也维持这样的火以使曲颈瓶 A 中的水不断沸腾。

按曲颈瓶 A 中水被蒸发的比例，水充满管子 EF，通过弯管 KK 将其中所含空气排除；蒸发形成的水汽在旋管中经冷却而凝结，一滴一滴地落入双管瓶 H 之中。持续进行这种操作直到所有的水都从曲颈瓶中被蒸发，并且仔细地排空所使用的所有皿之后，我们发现，进入双管瓶 H 之中的水量，恰恰等于曲颈瓶 A 中以前所盛的水量，气体一点也没有离析；因此这个实验原来是一个简单的蒸馏，而且，假若水经管子 EF 从一个器皿跑进另一个器皿，而未经中等白炽状态的话，结果会完全相同。

第二个实验

像前一个实验中那样配好装置之后，将适当弄碎成小部分，并且事先已在密闭的器皿中经长时间炽热的 28 格令炭，导入管子 EF 之中。其余一切均按前一实验中的办法处理。

曲颈瓶 A 中所盛的水如前面实验中一样蒸馏,并且在旋管中冷凝,落入双管瓶 H 之中;但同时有大量的气体离析,由弯管 KK 逸出,用一个适当的装置将其接受。操作结束之后,除了留在管子 EF 之中的一点灰烬微粒之外,我们什么也没发现,28 格令炭则完全消失了。

当仔细检验离析的气体时,发现它们重 113.7 格令;[①]这是两种气体,即 144 立方吋的碳酸气,它重 100 格令,以及 380 立方吋的一种极轻的气体,它仅重 13.7 格令,当它与空气接触时用一个点燃了的物体靠近它,它就着火燃烧;而且,当仔细检验进入双管瓶 H 中的水时,发现其重量失去了 85.7 格令。因此,在这个实验中,85.7 格令的水与 28 格令的炭结合,以这样的方式化合,即形成 100 格令的碳酸,以及 13.7 格令的一种能燃烧的特殊气体。

我已经说明,100 格令的碳酸气由 72 格令氧与 28

① 在本书的后一部分,将会找到对于分离不同种类的气体以及确定其量所必需的方法的详细说明。——作者注

格令炭化合而成;因此,放在玻璃管中的28格令炭从水中得到72格令氧;由此得出,85.7格令水由72格令氧与13.7格令易燃烧的一种气体化合而成。一会儿我们就会明白,这种气体不可能从炭中离析出来,因而必定是由水产生的。

在对这个实验的上述说明中,我隐略了某些细节,这些细节只会在读者的心中把实验结果弄得复杂难懂。例如,这种易燃气体溶解极小的一部分炭,其重量借此略有增加,碳气的重量相应减少。尽管由这个细节所产生的改变无足轻重,然而我还是认为必须用严格的计算确定其作用,并将简化了的情况如上所述报道实验结果,就像这个细节没有发生过似的。无论如何,万一对我从这个实验引出的推论还有什么疑虑的话,那么下述实验就会将这些疑虑消散,我要引用这些实验来支持我的见解。

第三个实验

完全像前一个实验中那样配好装置,所不同的是,不用 28 格令炭,而是用 274 格令卷成螺旋形的薄片状软铁填满管子 EF。用炉子把管子烧至炽热状,使曲颈瓶 A 中的水不断沸腾直至全部蒸发,并通过管子 EF 在双管瓶 H 中冷凝。

这个实验中没有离析出碳酸气,我们得到的却是 416 立方吋或 15 格令的易燃气体,重量是大气的$\frac{1}{13}$。经检验蒸馏过的水,发现它失去了 100 格令,而且还发现,封闭在管子中的 274 格令铁获得了 85 格令的额外重量,其大小增加得相当多。此刻的铁几乎不能被磁铁所吸引,它溶于酸中而无泡腾现象。简言之,它转变成一种黑色氧化物,与在氧气中燃烧的完全相似。

在这个实验中,我们用水使铁发生了真正的氧化,与借助于热在空气中发生的氧化恰恰相似。由于分解了 100 格令的水,85 格令的氧就与铁化合,结果使它转变成黑色氧化物状态,离析出一种 15 格令的特殊易燃气体:由这一切清楚地看到,水是由氧与一种易燃气体的基化合而成的,它们各自的比例分别是:前者的重量为 85 份,后者的重量为 15 份。

因为,除了氧这种为许多其他物质所共有的元素之外,水还含有另一种元素作为它的组成基或根,我们必须找到一个恰当的术语来表示它。我们所能想到的似乎没有什么比氢(*hydrogen*)这个词更为合适,它表示产生水的要素(*generative principle of water*),取自 *υδορ* 即 *aqua*[①] 和 *γεινομαι* 即 *gignor*。我们把这种元素与热素的化合物称为氢气;[②]氢这个术语表示该气体的基或水的根。

这个实验给我们提供了一种新的易燃物体,或者换言之,提供的这种物体与氧有如此大的亲和力,以致使其脱离与热素的结合而把它吸引过来,并使空气或氧气分解。这种易燃物体本身与热素有如此大的亲和力,使得它除非与其他某种物体结合之外,在通常的温度和我们大气的压力下总是以气态或气体状态存在。在这种

① 希腊文和拉丁文,意为"水"。——中译者注

② 氢这种表达已经受到某些人极为严厉的批评,这些人的借口是,它表示的是由水产生而不是产生水。本章中所述的实验证明,分解水时产生氢,氢与氧化合时产生水,以致我们可以说,水由氢产生或者氢由水产生,同样都是真实的。——作者注

气体状态下,其重量约为相等体积的大气重量的$\frac{1}{13}$;尽管水能容纳少量处于溶解状态的这种流体,但它却不被水所吸收,而且它不能用来呼吸。

由于这种气体所具有的与其他一切可燃物体所共有的那种性质,不过是分解空气以及夺取与热素化合的氧的能力,因此易于理解,它如果不与空气或氧气接触就不能燃烧。所以,当我们点着一满瓶这种气体时,它就按外面的空气进入的比例,起初是在瓶颈处,然后是在瓶内,缓慢地燃烧。这种燃烧缓慢循序,而且仅仅发生在两种气体之间接触的表面。当这两种气体在它们点着之前混合时,情况就完全不同。譬如,若将一份氧气导入一细口瓶中之后,我们再把两份氧气充入其内,并将一支亮着的小蜡烛或其他燃着的物体移至瓶口,两种物体的燃烧瞬即以剧烈爆炸的形式发生。只应当在容量不超过 1 品脱,外面用麻绳缠住了的坚固的绿色玻璃瓶中做这个实验,否则操作者将面临瓶子破裂的危险,瓶子碎片将以极大的力量四处抛射。

如果以上关于水的分解所述的一切皆与真实情况

相符——如果正如我所尽力证明的那样,这种物质真的是由作为其特有组成元素的氢与氧化合而成,那么由此应当得出,通过这两种元素的重新组合,我们就会重组出水来;由以下实验可以断定,这种情况实际上会发生。

第四个实验

我取一个容量约为 30 品脱,有一个大口的大水晶玻璃球形瓶 A(图版Ⅳ,图 5),瓶口上粘接着一块铜板 BC,铜板上有四个孔,孔中是四个管子的末端。第一个管子 H*h* 是打算用来接气泵的,球形瓶中的空气就用它来抽光。第二个管子 *gg* 通过其 MM 端与一个氧气储存器相通,球形瓶要用氧气来充满。第三个管子 *d*D*d*′ 通过其 *d*NN 端与一个氢气储存器相通。这个管子的 *d*′端是一个毛细口,通过它,用 1 吋或 2 吋水柱的压力把储存器中所存氢气以适当的速度压进去。第四个管子插有金属丝 GL,其 L 端有一个圆球,是打算把电火花从 L 传到 *d*′,以给氢气点火之用:这根丝可在管子中移动,以便我们能够使圆球 L 离开管子 D*d*′ 的 *d*′端。

dDd'、gg 和 Hh 这三个管子全部装有活塞。

为了使氢气和氧气尽可能多地去掉水分,它们通向球形瓶 A 的途中要经过填满盐的管子 MM 和 NN,盐由于其吸潮特性而贪婪地吸引空气中的潮气;草碱的醋酸盐、盐酸盐或石灰的硝酸盐就是这样。[①] 这些盐要弄碎成粗粉,以免它们结块阻止气体从其空隙中通过。

我们事先必须预备足够量的氧气,须通过与草碱[②③]的一种溶液的长时间接触仔细将氧气中所混合的所有碳酸除去。

我们还必须有两倍数量的氢气,须以同样方式通过与草碱的水溶液的长时间接触仔细将氢气纯化。获取不含混合物的这种气体的最好方法,是按本章第三个实验所述,用极纯的软铁分解水。

如上所述把一切安排妥当之后,将管子 Hh 配上一个气泵,抽空球形瓶 A 中的空气。然后,我们让氧气进

---

① 见本书第二部分所述这些盐的本质。——作者注

② 草碱在这里的意思是被生石灰夺去了碳酸的纯碱或苛性碱。一般而言,我们在这里观察到,一切碱和土质必须总是当作处于纯态或苛态的,除非有其他表达方式。——英译者注

③ 获得草碱的这种纯碱的方法,将在以后给出。——作者注

去充满球形瓶,然后用前面提到的压力迫使一小股氢气流通过管子 Dd',并立刻用电火花将其点着。用以上描述的装置,我们能够使这两种气体长时间地共同连续燃烧,因为我们有能力按照它们消耗的比例从它们的储存器中向球形瓶补充它们。我在另一个地方[①]描述了这个实验中所用的装置,并且解释了以一丝不苟的精确性确定这两种消耗量的方式。

随着燃烧的进行,有水附着在球形瓶或卵形瓶 A 的内表面,水在数量上逐渐增加,聚集成大水珠,滴到该容器的底部。在实验前后对球形瓶均进行称量,便容易确定收集到的水量。因此,我们对我们的实验进行双重检验,是通过确定用去的气体的量以及气体燃烧所形成的水的量来进行的,两个量必须彼此相等。通过这种运算,默斯尼尔先生和我弄清了,组成 100 份重量的水需要 85 份氧与 15 份氢相结合。这个实验是当着皇家科学院的许多委员们的面做的,迄今尚未发表。我们一丝不苟地注意了其精确性,有理由相信上述比例与绝对真

① 见本书第三部分。——作者注

值的偏差不会有 2%。

我们此刻可以由这些分析实验与合成实验断言，我们已经尽可能肯定地在物理学方面和化学方面弄清了，水不是一种简单的基本物质，而是由氧和氢两种元素组成的；这两种元素分开时，它们对热素有如此强的亲和力，以致在通常的温度和我们大气的压力下只以气体的形式存在。

水的这种分解与重组，在大气的温度下，靠复合有择吸引在我们的眼前无休止地进行着。一会儿我们就要看到，酒的发酵，腐烂，甚至植物生长所伴随的现象，至少在一定程度上就是由水的分解产生的。非常使人惊奇的是，自然哲学家们和化学家们迄今竟然对这个事实熟视无睹。它的确有力地证明，在化学中如同在道德哲学中一样，要战胜早期教育中存在的偏见，沿着不同于我们一直惯于遵循的任何途径去探求真理，是极端困难的。

我将通过一个实验来结束这一章，这个实验比已经讲述过的实验论证程度要少得多，但似乎比其他任何实验给许多人们的头脑留下的印象都多。如果 16 盎司醇在一个适合用来收集燃烧时离析出的水的装置[1]中燃烧，我们就得到17盎司至18盎司的水。由于没有哪种物质能够提供比它原来更多的东西，由此就得出，醇在燃烧时有另外某种东西与之结合了；我已经指出，这必定是氧，即空气的基。因此，醇含有氢，而氢是水的元素之一；大气含有氧，而氧是组成水的另一种必需元素。这个实验对于水是一种化合物来说是一个新的证明。

① 见本书第三部分对这一装置的说明。——作者注

第二部分

论酸与成盐基的化合，论中性盐的形成

Of the Combination of Acids with Salifiable Bases, and of the Formation of Neutral Salts

导言—对于简单物质表的观察—对于复合根的观察—关于氧与简单物质的化合物的观察—对于氧与复合根的化合物的观察—对于氮与简单物质的化合物的观察—对于氢及其与简单物质的化合物的观察—对于硫及其化合物的观察—对于磷及其化合物的观察—对于炭及其与简单物质的化合物的观察—对于盐酸根、萤石酸根、月石酸根及其化合物的观察—对于金属相互化合物的观察

导　　言

假若我严格实施了我最初制订的撰写本书的计划,那么在构成这一部分的各种表格及相应的观察结果中,我就只会涉及几种已知酸的简略定义和对一些方法的概略说明,用这些方法,只要对这些酸与各种成盐基的化合所产生的中性盐加以命名或枚举,就可以得到它们。但是我后来发现,增补类似的表,把成为酸和氧化物的组成部分的一切简单物质,以及这些元素各种可能的化合物都包括进来,会极大地增加本书的效用而不致增加很多篇幅。这些增补包括在这一部分的前十二节及附加于这些节的表中,多少算是对第一部分前十五章的概括。其余各表各节则包括所有的含盐化合物。

十分明显的是,在本书的这一部分之中,我较多地借用了德·莫维先生在《物质次序全书》(*Encyclopedie*

par ordre des Matières)第一卷中已经发表的东西。我没能发现更好的信息来源,当考虑到查阅外文书籍的困难时尤为如此。我这样承认,是为了避免麻烦,免得在我的以下部分中引用德·莫维先生的著作。

对于简单物质表的观察

化学实验的首要目的是分解中性盐,以便分别检验成为其组成部分的不同物质。考虑到各种化学体系,就将发现,化学分析这门科学在我们这个时代进展迅速。以前,油和盐被认为是物体的元素,而后来的观察和实验则表明,一切盐都不是简单的,而是由酸与基结合而成的。现代发现已经极大地扩展了分析的范围;[①]酸被表明是由氧这种所有酸的共同的酸化要素,在每种酸中与一种特定的基结合而成的。

我曾经证明了哈森夫拉兹(Hassenfratz)先生以前所提出的看法,即酸的这些根全都不是简单元素,它们之中,许多都像油要素一样,是由氢和炭组成的。甚至

① 见《科学院文集》,1776 年第 671 页以及 1778 年第 535 页。——作者注

连中性盐的基都被贝托莱先生证明是化合物，他指出，氨是由氮和氢组成的。

因此，由于化学通过分化和细化而趋于完善，所以不可能说它在何处终结；而且，我们目前假定这些东西是简单的，也许不久就发现完全不是这回事。我们敢于断言某种物质必定是简单的，是就我们目前的知识状态，而且是就化学分析所能表明的而言的。我们甚至可以假定，土质必定很快就不再被认为是简单物体；它们不过是不具与氧结合倾向的成盐类物体；而且我极倾向于相信，这是由于它们已经被该元素饱和所致。如果是这样的话，它们就将被认为是由简单物质，或许是被氧化到一定程度的金属物质组成的化合物。这只是冒险的猜想，我希望读者注意不要把我当成真理所陈述的、建立在观察和实验的坚实基础上的意见，与假设的猜想给弄混淆了。

固定碱、草碱和苏打在前表中被略去了，因为它们显然是复合物质，不过迄今为止我们尚不知道组成它们的元素是些什么。

简单物质表

属于整个自然界的简单物质,

这些简单物质可以看作是物体的元素。

新名称	对应的旧名称
光	光
热素	热 热要素或热元素 火,火流体 火质或热质
氧	脱燃素空气 超凡空气 生命空气,或生命空气的基
氮	被燃素结合了的空气或气体 毒气,或其基
氢	可燃空气或气体,或可燃空气的基

可氧化与可酸化的简单非金属物质

新名称	对应的旧名称
硫	相同的名称
磷	相同的名称
炭	相同的名称
盐酸根	尚属未知
萤石酸根	尚属未知
月石酸根	尚属未知

可酸化简单土质物质

新名称	对应的旧名称
石灰	白垩、石灰土，生石灰
苦土	苦土，泻盐的基，煅烧或苛性苦土
重晶石	重晶石，或重土
黏土	陶土，矾土
石英	硅土或可玻璃化土

可氧化与可酸化的简单金属物体

新名称		对应的旧名称
锑……	的熔块	锑
砷……		砷
铋……		铋
钴……		钴
铜……		铜
金……		金
铁……		铁
铅……		铅
锰……		锰
汞……		汞
钼……		钼
镍……		镍
铂……		铂
银……		银
锡……		锡
钨……		钨
锌……		锌

对于复合根的观察

由于以前的化学家们不了解酸的组成,不觉得它们是由各自特定的根或基与一种酸化要素或一切酸共有的元素结合而形成的,因而他们就不会给他们连极隐约看法都没有的物质命名。因此,我们只好就这个问题发明一种新的命名法,不过我们同时感觉到,当复合根的本质得到较好理解时,这种命名法必定能够大大修改。①

前表中列举的来自植物界和动物界的复合可氧化与可酸化根,不能用系统命名法命名,因为它们的确切分析迄今尚属未知。通过我本人的某些实验以及哈森夫拉兹先生的某些实验,我们只是一般的知道,大多数植物酸,譬如亚酒石酸、草酸、柠檬酸、苹果酸、亚醋酸、焦亚酒石酸、焦亚黏酸,都是由氢和炭以形成单个基的

① 关于这个问题,参见第一部分第十一章。——作者注

方式化合而成的根，而且，这些酸只是由于成为它们的基的组成部分的这两种物质的比例，以及这些基所受到的氧化程度，而彼此有别。

主要是由贝托莱先生的实验，我们进一步知道，来自动物界的根，以及来自植物界的某些根，是更为复合的一类，而且，除了氢和炭之外，它们通常含有氮，有时含有磷。不过我们并未掌握足够精确的实验，用来计算这几种物质的比例。因此，我们被迫按照老化学家们的方式，还是依据这些酸由之获得的物质去命名它们。可能无疑的是，当我们关于这些物质的知识变得更加精确和广博时，这些名称就将被放弃；那时，氢-亚碳、氢-碳、碳-亚氢以及碳-氢[1]这些术语就将取代我们现在所使用的术语，而我们现在所使用的术语就将仅仅作为不完善状态的证据而留存，化学的这一部分就是以这种不完善状态由我们的前辈留传给我们的。

---

① 关于根据两种成分的比例应用这些名称，见第一部分第十一章。——作者注

显然，由氢和炭化合而成的油，是真正的碳-亚氢或氢-亚碳根；而且，通过增加氧，它们的确可依其氧化度而转变成为植物氧化物和酸。然而，我们却不能断言说，各种油以其完整的状态成为植物氧化物和植物酸的组成部分；它们可能事先就失去了部分氢和炭，剩下的成分不再以构成油所必需的比例存在。我们还需要进一步的实验来阐明这些观点。

严格说来，我们仅仅知道一种来自矿物界的复合根，即硝-盐酸根，此根由氮与盐酸根化合形成。其他复合矿物酸由于很少产生惊人的现象，因而就更谈不上引人关注了。

复合的可氧化与可酸化基表

	根的名称
来自矿物界的可氧化与可酸化基。	硝化盐酸根或以前称为王水的酸基。
来自植物界的可氧化或可酸化氢-亚碳根或碳-亚氢根。[①]	亚酒石酸的根或基。 苹果酸 柠檬酸 焦亚木酸 焦亚黏酸 焦亚酒石酸 草酸 亚醋酸 琥珀酸 安息香酸 樟脑酸 棓酸 } 根
来自动物界的可氧化或可酸化根,多半含氮,通常含磷。	乳酸 糖乳酸 蚁酸 蚕酸 皮脂酸 石酸 氰酸 } 根

① 来自植物界的根经第一度氧化转变成为植物氧化物,譬如糖、淀粉、树胶或黏液;动物界的根经同样方式形成动物氧化物,如淋巴,等等。——作者注

关于氧与简单物质的化合物的观察

氧几乎构成了我们大气团的三分之一,因此是自然界中最丰富的物质之一。一切动物和植物都生存和成长于这种无限的氧气宝库之中,而且,我们在实验中使用的氧绝大部分便由此获得。这种元素与其他物质之间的相互亲和力如此之大,以致我们不能使其从整个化合物中离析出来。它在大气中以氧气的状态与热素结合,再与重量约为其三分之二的氮气混合。

使某一物体被氧化或者让氧成为该物体化合物的一部分,需要几个条件。

第一,要被氧化的物体的粒子所具有的与其他物质的相互吸引力,必须比它们所具有的对氧的吸引力小,否则它就不可能与它们化合。在这种情况下,自然可以得人工之助,我们用我们的力量几乎是任意地通过加热，换言之，就是把热素引入它们的粒子之间的空隙之中，使其减少物体粒子的吸引力；而且，由于这些粒子的彼此吸引的减小与其距离成反比，那么，显然当粒子所具有的彼此亲和力变得比它们对氧的亲和力小时，粒子距离上必定存在某点，在这一点上，如果有氧存在的话，氧化就必定发生。

我们容易设想，这种现象由之开始的热度在不同物体中必定不同。因此，为了氧化大多数物体，尤其是大部分简单物质，必须使它们在适当的温度下受空气的影响。就铅、汞和锡而言，所需要的几乎只比地球的环境温度略高一点；但用干法即操作中没有水分参与时，氧化铁、铜等等就需要高得多的热度。有时，氧化发生得极为迅速，并伴有很明显的热、光、焰；磷在空气中的燃烧以及铁在氧气中的燃烧便是如此。硫的氧化不太迅速；铅、锡以及大多数金属的氧化发生得极为缓慢。因此，热素尤其是光的离析几乎察觉不到。

有些物质对氧的亲和力很强，以很低的温度与其化合，使我们不能在它们的非氧化态获得它们。盐酸便是如此，它迄今尚未被人工分解，甚至可能也没有被自然所分解,因此只有在酸的状态才找得到它。很可能的是,矿物界的许多其他物质在通常的大气温度下不可避免地被氧化了,而由于已经被氧所饱和,这就会阻止它们对该元素的进一步作用。

除了在一定温度下暴露于空气中之外,还有其他一些使简单物质氧化的方法,譬如,将它们置于与氧化合了的并且所具有的与该元素的亲和力极小的那些金属的接触之中。红色氧化汞便是具有这种效果的最好的物质之一,它对于那些不与该金属化合的物体来说尤其如此。在这种氧化物中,氧以极小的力与该金属结合,只要有足以使玻璃炽热的热度,就能将其驱除。因此,能与氧结合的那些物体,通过与红色氧化汞混合并适度加热,就很容易被氧化。用黑色氧化锰、红色氧化铅、各种氧化银以及大多数金属氧化物,在一定程度上也可以产生同样的效果,只要我们注意选择那些对氧的亲和力比要被氧化的物体对氧的亲和力小的物体就行。一切金属的还原和再生都属于这类操作,不过是用几种金属氧化物使炭氧化而已。炭与氧和热素结合,以碳酸气的形式逸出,而金属则变纯,并得以再生,即丧失了以前以氧化物的形式与之化合的氧。

一切可燃物质与草碱或苏打的硝酸盐,或与草碱的氧化盐酸盐混合,并受一定程度的热,也可以被氧化。在这种情况下,氧离开硝酸盐或盐酸盐,与可燃物体化合。这种氧化需要极端谨慎并以极小的量来完成,因为,由于氧是几乎与将其转化成为氧气所必需的热素同样多的热素化合了的硝酸盐,尤其是氧化盐酸盐的组成部分。因此,氧一与可燃物质化合,这么大量的热素就迅速游离,并引起完全不可抗拒的剧烈爆炸。

我们可以用湿法氧化大多数可燃物体,并将自然界的大多数氧化物转变成为酸。为此目的,我们主要使用硝酸,它对氧控制得极微弱,借微火之助它就将其释放给许多物体。氧化盐酸可用于这种操作的若干种,但不是所有的这种操作。

我把*二元*这个名称赋予氧与简单物质的化合物,因为在这些化合物中只有两种元素化合。当三种物质结合成一种化合物时,我将其称为*三元*的,当化合物由四种物质结合而成时则称为*四元*的。

氧与简单物质的二元化合物表

	简单物质的名称	第一度氧化		第二度氧化		第三度氧化		第四度氧化	
		新名称	旧名称	新名称	旧名称	新名称	旧名称	新名称	旧名称
氧与简单非金属物质的化合物	热素……	氧气…………	生命空气或脱燃素空气						
	氢………	水*							
	氮………	亚硝氧化物或亚硝气的基	亚硝气或亚硝空气……	亚硝酸………	发烟亚硝酸……	硝酸………	苍色或非发烟亚硝酸	氧化硝酸……	未知
	炭………	炭的氧化物或氧化碳……	未知……	亚碳酸………	未知………	碳酸………	固定空气……	氧化碳酸……	未知
	硫………	氧化硫……	软硫………	亚硫酸………	亚硫酸………	硫酸………	矾酸………	氧化硫酸……	未知
	磷………	氧化磷………	磷燃烧残渣……	亚磷酸………	挥发性磷酸……	磷酸………	磷酸………	氧化磷酸……	未知
	盐酸根…	氧化盐酸……	未知………	亚盐酸………	未知………	盐酸………	海酸………	氧化盐酸……	脱燃素海酸
	萤石酸根	萤石酸氧化物	未知………	亚萤石酸………	未知………	萤石酸……	直至最近尚属未知		
	月石酸根	月石酸氧化物	未知………	亚月石酸………	未知………	月石酸……	荷伯格(Homberg)镇静盐		
氧与简单金属物质的化合物	锑………	灰色氧化锑……	灰色锑灰碴……	白色氧化锑……	白色锑灰碴…发汗锑	锑酸			
	银………	氧化银………	银灰碴………	………	………	银酸………			
	砷………	灰色氧化砷……	灰色砷灰碴……	白色氧化砷……	白色砷灰碴……	砷酸………	砷酸………	氧化砷酸……	未知
	铋………	灰色氧化铋……	灰色铋灰碴……	白色氧化铋……	白色铋灰碴……	铋酸			
	钴………	灰色氧化钴……	灰色钴灰碴……	………	………	钴酸			
	铜………	褐色氧化铜……	褐色铜灰碴……	蓝的和绿的氧化铜	蓝的和绿的铜灰碴	铜酸			
	锡………	灰色氧化锡……	灰色锡灰碴……	白色氧化锡……	白色锡灰碴或锡油灰……	锡酸			
	铁………	黑色氧化铁……	玛尔斯黑粉……	黄色和红色氧化铁	铁赭石或铁锈……	铁酸			
	锰………	黑色氧化锰……	黑色锰灰碴……	白色氧化锰……	白色锰灰碴………	锰酸			
	汞………	黑色氧化汞……	黑粉矿** ……	黄色和红色氧化汞	红色泻根矿凝结物、煅烧汞凝结物本身…	汞酸			
	钼………	氧化钼………	钼灰碴………	………	………	钼酸	钼酸………	氧化钼酸……	未知
	镍………	氧化镍………	镍灰碴………	………	………	镍酸			
	金………	黄色氧化金……	黄色金灰碴……	红色氧化金……	红色金灰碴卡氏紫凝结物	金酸			
	铂………	黄色氧化铂……	黄色铂灰碴……	………	………	铂酸			
	铅………	灰色氧化铅……	灰色铅灰碴……	黄色和红色氧化铅	黄丹和铅丹……	铅酸			
	钨………	氧化钨………	钨灰碴………	………	………	钨酸……	钨酸………	氧化钨酸……	未知
	锌………	灰色氧化锌……	灰色锌灰碴……	白色氧化锌……	白色锌灰碴庞福利克斯…	锌酸			

* 氢只有一种氧化度是迄今已知的。—— 作者注　** 黑粉矿是硫化汞；它本应称为汞的黑色沉淀物。—— 英译者注

对于氧与复合根的化合物的观察

在《科学院文集》1776 年第 671 页和 1778 年第 535 页，我发表了一个关于酸的本质与形成的新理论，我在其中断定酸的数目必定比到当时为止所想象的要多得多。自那时以来，已经向化学家们开辟了一个新的探究领域；酸不是当时所知道的五六种，几乎有三十种新的酸被发现了，靠这些新的酸，已知中性盐的数目已经按同样比例增加了。酸的可酸化基或根的本质，以及它们可氧化的程度，仍待探究。我已经指出，几乎所有来自矿物界的可氧化与可酸化根都是简单的，并指出，正相反的是，在植物界尤其是动物界，除了至少是由氢和碳两种物质组成的根以外，几乎不存在任何根，还指出，氮与磷通常结合成根，由于这些根，我们就有了由二、三、四种简单元素结合而成的复合根。

根据这些观察,植物和动物的氧化物和酸似乎在三个方面彼此有别:第一,随它们的根由之组成的简单可酸化元素的数目的不同而有别;第二,随它们化合起来的比例的不同而有别,第三,随它们氧化度的不同而有别。这些情况足以解释自然以这些物质所创造的大量种类。既然如此,就全然用不着惊奇,只要改变氢和炭在其组成中的比例并使它们以或大或小的程度氧化,大多数植物酸可以互相转变。这已经由克雷尔(Crell)先生用一些非常巧妙的实验做成了,哈森夫拉兹先生证实并扩展了这些实验。根据这些实验看来,似乎碳和氢经一度氧化产生亚酒石酸,经二度氧化产生草酸,经三度或更高度氧化产生亚醋酸和醋酸;只是碳似乎以相当小的比例存在于亚醋酸和醋酸之中。柠檬酸和苹果酸与上述诸酸略有差异。

那么,我们应当得出断言说油就是植物酸和动物酸的根吗?我已经表示过我对这个问题的疑问:第一,尽管油似乎不过是由氢和炭形成的,但我们并不知道它们是否是按组成酸根所需要的精确比例形成的;第二,由于氧与氢和炭一样成为这些酸的组成部分,因此,就没有理由设想它们是由油而不是由水或碳酸组成的。果然不错,它们含有所有这些化合物所必需的材料,但是这些在通常的大气温度下并不发生;所有这三种元素仍然被化合了,处于一种用比沸水温度只高一点的温度就能迅速破坏的平衡状态。[①]

氧与复合根的化合物表

根的名称	得到的酸的名称	
	新名称	旧名称
硝化盐酸根[②]	硝化盐酸	王水
酒石酸根	亚酒石酸	至最近才知道
苹果酸根	苹果酸	同上
柠檬酸根	柠檬酸	柠檬的酸
焦亚木酸根	焦亚木酸	焦木头酸
焦亚黏酸根	焦亚黏酸	焦糖酸
焦亚酒石酸根	焦亚酒石酸	焦酒石酸
草酸根	草酸	索瑞耳酸

① 关于这个问题,见第一部分第十二章。——作者注

② 这些根经一度氧化形成植物氧化物,如糖、淀粉、黏液,等等。——作者注

(续表)

根的名称	得到的酸的名称	
	新名称	旧名称
醋酸根	亚醋酸 醋酸	醋,或醋的酸 根醋
琥珀酸根	琥珀酸	挥发性琥珀盐
安息香酸根	安息香酸	安息香华
樟脑酸根	樟脑酸	至最近才知道
棓酸根①	棓酸	植物收敛素
乳酸根	乳酸	酸乳清酸
糖乳酸根	糖乳酸	至最近才知道
蚁酸根	蚁酸	蚂蚁的酸
蚕酸根	蚕酸	至最近才知道
皮脂酸根	皮脂酸	同上
石酸根	石酸	尿结石
氰酸根	氰酸	普鲁士蓝着色剂

① 这些根经一度氧化形成动物氧化物,如淋巴、血液的红色部分、动物分泌物,等等。——作者注

对于氮与简单物质的化合物的观察

氮是最丰富的元素之一;它与热素化合形成氮气,即臭气,构成将近三分之二的大气。这种元素在常压常温下总是处于气体状态,迄今为止的压缩程度和冷却程度尚不能将其还原为固体或气体形态。它也是动物体的基本组成元素之一,在动物体中它与炭和氢,有时与磷化合;这些元素靠一部分氧而被结合在一起,它们靠氧按照氧化程度形成氧化物或酸。因此,动物物质与植物物质一样,因三个方面的不同而不同:第一,根据成为基或根的组成部分的元素数目的不同而不同;第二,根据这些元素的比例的不同而不同;第三,根据氧化程度的不同而不同,氮与氧化合时,形成氧化亚氮、氧化氮、亚硝酸和硝酸,与氢化合时产生氨。它与其他简单元素的化合物所知甚少;对于这些物质,我们赋予氮化物

(*azurets*)这个名称,用化物(*uret*)这个词尾表示一切非氧化的复合物。极有可能的是,也许今后将发现一切碱性物质都应归入这一类氮化物中。

用一种硫化草碱或硫化石灰溶液,吸收与氮气混合的氧气,可以获得氮气。完成这个程序需要 12 或 15 天,在此期间,必须通过搅动和破坏溶液顶部形成的表膜。它还可以通过将动物物质溶解于微热的稀硝酸中而获得。在这种操作中,氮以气体形式离析,我们在气体化学装置中充满水的玻璃钟罩之下收集它。我们可以用炭或其他可燃物质爆燃硝石获得这种气体;用炭时,氮气与碳酸气混合,碳酸气可以用苛性碱溶液或石灰水吸收,此后氮气就是纯的了。我们还可以像德·佛克罗伊先生指出的那样,用第四种方式从氨与金属氧化物的化合物获得它:氨的氢与氧化物的氧化合形成水;而游离的氮则以气体形式逸出。

氮的化合物只是最近才发现:卡文迪什(Covendish)先生首先在亚硝气和亚硝酸中观察到它,贝托莱先生则在氨和氰酸中观察到它。由于它分解的证据迄今尚未出现,所以我们完全有资格认为氮是一种简单的基本物质。

氮与简单物质的二元化合物表

简单物质	化合的产物	
	新名称	旧名称
热素	氮气	燃素化空气,或臭气
氢	氨	挥发性碱
氧	氧化亚氮	亚硝气的基
	亚硝酸	发烟亚硝酸
	硝酸	苍亚硝酸
	氧化硝酸	未知
炭	这种化合物尚属未知;假若它被发现了,按照我们的命名原则,它将被称为氮化炭。炭溶解于氮气,形成碳化氮气	
磷	氮化磷	尚属未知
硫	氮化硫	尚属未知;我们知道,硫溶解于氮气,形成硫化氮气。
复合根	氮在复合的可氧化与可酸化基中与炭和氢、有时与磷化合,通常会在动物酸的根中	
金属物质	这些化合物尚属未知;假若发现了,它们将形成金属氮化物,如氮化金、氮化银,等等	
石灰 苦土 重晶石 黏土 草碱 苏打	完全不知道;假若发现了,它们将形成氮化石灰、氮化苦土,等等	

对于氢及其与简单物质的化合物的观察

氢正如它的名称所表达的,是水的组成元素之一,它在重量上形成了水的百分之十五份,与百分之八十五份氧化合。其性质甚至其存在直到最近才知道的这种物质,丰富地分布于自然界,在动物界和植物界的各种过程中起着非常重要的作用。由于它所具有的对热素的亲和力大得使它只能以气态存在,因此,不可能在固态或液态独立于化合物得到它。

要获得氢,更确切地说是获得氢气,我们只有使水受某种物质的作用,氧对这种物质的亲和力要比它对氢的亲和力更大;以这种方式,氢处于游离态,通过与热素结合,便取氢气的形态。炽热的铁常常被用于这种目的。在此过程中,铁被氧化,变成像埃尔巴岛(Elba)铁矿那样的一种物质。在这种氧化物状态,它几乎不能被磁铁所吸引,并溶解于酸而无泡腾。

处于炽热状态的炭,通过吸引氢化合物中的氧,也具有分解水的同样的能力。在此过程中,碳酸气形成并与氢气混合,不过它易于被水或碱所离析,水或碱吸收碳酸,使氢气处于纯态。将铁或锌溶解于稀硫酸,我们也能得到氢气。这两种金属单独使用时,分解水极其缓慢、极其困难,但有硫酸帮助时则分解得容易而迅速;氢在此过程中与热素结合,以氢气的形态离析出来,而水的氧则与金属结合成氧化物形式,氧化物立即溶解于酸,形成硫酸铁或硫酸锌。

某些非常杰出的化学家认为氢就是施塔尔的热素;而由于这位大名鼎鼎的化学家承认燃素存在于硫、炭、金属等之中,他们当然就不得不设想氢存在于所有这些物质之中,不过他们却不能证明他们的设想;即使他们能证明,这个设想也不会是很有利的,因为氢的这种离析完全不足以解释煅烧和燃烧现象。我们必须不断提到对这个问题的考察,即"在不同类型的燃烧过程中离析的热和光是由燃烧物体抑或是在所有这些操作中化合的氧提供的呢?"氢被离析的猜测的确无论如何都没说明这个问题。而且,它属于那些进行猜测去证明它们的人们。无疑,一个没有任何猜测的学说对现象的解释与他们的学说靠猜测对现象的解释同样好，同样自然，而且至少具有简单得多的优点。[①]

氢与简单物质的二元化合物表

简单物质	得到的复合物	
	新名称	旧名称
热素	氢气	易燃空气
氮	氨	挥发性碱
氧	水	水
硫	氢化硫或硫化氢	迄今尚属未知[②]
磷	氢化磷或磷化氢	迄今尚属未知[②]
炭	氢-亚碳根或碳-亚氢根[③]	至最近才知道
金属物质，如铁等	金属氢化物[④]，如氢化铁等	迄今尚属未知

① 希望了解德·莫维、贝托莱、德·佛克罗伊诸位先生以及我本人关于这个重大的化学问题所说的东西的人士，可以查阅我们翻译的柯万先生的《论燃素》(*Essay upon phlogiston*)。——作者注

② 这些化合物发生在气体状态，分别形成硫化氧气和磷化氧气。——作者注

③ 这种氢与炭的化合物包括固定油与挥发性油，并且形成相当大部分的植物氧化物、植物酸、动物氧化物和动物酸的根。当它在气体状态发生时就形成碳酸氢气。——作者注

④ 这些化合物尚不知道，由于氢对热素的极大亲和力，它们很可能不能存在，至少在通常的气温下是如此。——作者注

对于硫及其化合物的观察

硫是一种可燃物质,具有极强的化合倾向;它在常温下自然处于固态,使它液化需要比沸水稍高一点的热。硫在火山附近以相当的纯度自然形成;我们还发现它主要以硫酸状态与矾页岩中的黏土以及石膏中的石灰等等化合着。用处于炽热的炭夺去其中的氧,就可以从这些化合物使其处于硫的状态;碳酸形成,并以气体状态逸出;硫仍与陶土、石灰等化合着,处于硫化物状态,硫化物被酸分解;酸与土结合成为中性盐,硫就沉淀下来。

硫与简单物质的二元化合物表

简单物质	得到的复合物	
	新名称	旧名称
热素	硫气	
氧	氧化硫	软硫
	亚硫酸	硫黄酸
	硫酸	矾酸
氢	硫化氢	未知化合物
氮	氮	未知化合物
磷	磷	未知化合物
炭	炭	未知化合物
锑	锑	粗锑
银	银	
砷	砷	雌黄,雄黄
铋	铋	
钴	钴	
铜	铜	黄铜矿
锡	锡	
铁	铁	黄铁矿
锰	锰	
汞	汞	黑硫汞矿,朱砂
钼	钼	
镍	镍	

续表

简单物质	得到的复合物	
	新名称	旧名称
金	金	
铂	铂	
铅	铅	方铅矿
钨	钨	
锌	锌	闪锌矿
草碱	草碱	带有固定植物碱的碱性硫肝
苏打	苏打	带有矿物碱的碱性硫肝
氨	硫化氨	挥发性硫肝，发烟波义耳液
石灰	石灰	石灰质硫肝
苦土	苦土	苦土硫肝
重晶石	重晶石	重晶石硫肝
黏土	黏土	尚属未知

对于磷及其化合物的观察

磷是一种简单的可燃物质，直到1667年才为化学家们所知，当年由勃兰特发现，他对制取法秘而不宣；不久，孔克尔弄清了勃兰特的制备方法，将其公之于众。自那时起，它一直以孔克尔磷的名称为人所知。很长时间内它都只能从尿中获得；而且，尽管荷伯格在1692年的《科学院文集》中对制取做了说明，但所有的欧洲哲学家却都是从英国弄到磷的。1737年在皇家花园，当着科学院的一个委员会的面，在法国第一次制取了它。现在，按盖恩、舍勒、鲁埃尔等诸位先生的制取法，人们以更方便更经济的方式从动物骨骼中获得它，动物骨骼是真正的石灰质磷酸盐。将成体动物的骨骼煅烧成白色，捣碎，用细丝筛过筛；把一定量的稀硫酸倒在细粉上，稀硫酸的量要少于足以使全部细粉溶解的量。该酸与骨骼的石灰质土质结合成为硫酸石灰,磷酸以液体游离出来。将该液体倾析,用沸水冲洗残留物;让这种冲洗了黏附着酸的水与以前倾析出的液体结合,并将其逐步蒸发;溶解了的硫酸石灰结晶成丝线形状,将其除去并经持续蒸发,我们就得到无色透明玻璃状外观的磷酸。将其弄成粉末状并与其重量三分之一的炭混合,通过升华我们就得到非常纯的磷。用上述办法获得的磷酸,绝没有经燃烧或用硝酸氧化纯磷得到的磷酸纯;因此,在研究性实验中总是应当使用后者。

在几乎所有的动物物质以及稍微做了动物分析的植物中,都发现有磷。在所有这些物质之中,它通常与炭、氢和氮化合,形成复合根,这些根大部分通过与氧的第一度结合而处于氧化物状态。哈森夫拉兹发现磷与炭含在一起,这说明有理由认为它在植物界与通常所猜测的更普通。用适当的方法肯定可以从某些科的植物的每一个体获得它。由于迄今尚无实验说明有理由认为磷是一种复合物体,我已经将它安排在简单或基本物质之列。它在温度计的温度为32℃时着火燃烧。

磷与简单物质的二元化合物表

简单物质	得到的复合物
热素	磷气
氧	氧化磷 亚磷酸 磷酸
氢	磷化氢
氮	磷化氮
硫	磷化硫
炭	磷化炭
金属物质	金属磷化物①
草碱 苏打 氨 石灰 重晶石 苦土 黏土	磷化草碱、苏打，等等②

① 在磷与金属的所有这些化合物中，迄今只知道磷与铁形成以前称为菱铁矿的化合物；尚未弄清在这种化合物中，磷是否被氧化了。——作者注

② 磷与碱和土质的这些化合物尚不知道；根据让·热布雷先生的实验，它们似乎是不可能的。——作者注

对于炭及其与简单物质的化合物的观察

由于炭迄今尚未被分解,因此在我们目前的知识状态下,它必定被认为是一种简单物质。根据现代实验,它似乎预先形成存在于植物之中。我已经说过,它在植物中与氢,有时与氮和磷化合,形成根据其氧化程度可以变成氧化物或酸的复合根。

要得到植物或动物物质中所含的炭,我们必须使它们起初受温和的火而后受极强的火的作用,以将顽强地附着在炭上的最后的一份水驱除出去。出于化学目的,这通常在缸瓷或瓷质曲颈瓶中进行,将木头或其他物质导入曲颈瓶中,然后将其置于反射炉中,逐渐使其升至极热。此热使物体的能与炭化合成为气态的一切部分挥发或者变成气体,炭就其本性而言更为固定,与少量土质和某些固定盐化合,留在曲颈瓶内。

就炭化木头这件事而言,这是用一种有些昂贵的方法进行的。处理的木头成堆,而且用土覆盖,以便使除了维持火所绝对必需的空气以外的空气的进路受阻,该火一直保持至所有的水和油都被驱除出去。此后,关闭一切气孔使火熄灭。

我们可以通过在空气中,更确切地说是在氧气中燃烧,或者用硝酸,去分析炭。我们在两种情况中都将其转化为碳酸,有时剩下少许草碱及某些中性盐。这种分析迄今几乎没有引起化学家们的注意;我们甚至没有把握,草碱是在燃烧之前就存在于炭中,还是在该过程中经某种未知的化合形成的。

炭的二元化合物表

简单物质	得到的复合物	
	新名称	旧名称
氧	氧化炭	未知
	碳酸	固定空气,白垩酸
硫	碳化硫	未知
磷	碳化磷	未知
氮	碳化氮	未知
氢	碳-亚氢根	
	固定油和挥发性油	
金属物质	金属碳化物	这些化合物中只有碳化铁和碳化锌是已知的,它们以前被称为石墨
碱与土质	碳化草碱等	未知

对于盐酸根、萤石酸根、月石酸根及其化合物的观察

由于这些物质的化合物，无论是彼此的化合物，还是与其他可燃物体的化合物，都完全不知道，因此我们并没有构造有关它们的命名表的任何企图。我们仅仅知道，这些根可以氧化，可以形成盐酸、萤石酸、月石酸，知道它们以酸的状态成为许多化合物的部分，这在后面详述。化学迄今尚不能使它们解除氧化，制备它们的简单状态。为此目的，必须使用某些物质，氧对这些物质的亲和力要强于氧对上述根的亲和力，无论是靠单独的亲和力，还是靠双重有择吸引力。已知与这些酸根的起源有关的一切，都将留在考虑它们与成盐基的化合物的各节提到。

对于金属相互化合物的观察

在结束我们对于简单或基本物质的说明之前,人们也许会期望必须提供一份关于合金或金属相互化合物的表;但是,这样一份表的篇幅可能是巨大的,而且没有深入研究一系列尚未尝试的实验也会是极不令人满意的,我认为此处将其全部略去是适当的。必须提及的只是,这些合金应当根据混合物或化合物中比例最大的金属命名;譬如,金银合金即熔合了银的金这个术语表明金是占优势的金属。

金属的合金与其他化合物一样,有一个饱和点。根据德·拉·布里谢(de la Briche)先生的实验,它们似乎甚至有两个截然不同的饱和度。

第三部分

化学仪器与操作说明

Description of the Instruments and Operations of Chemistry

论气量法，即气态物质的重量与体积之测量

论气体化学蒸馏，金属溶解以及需要极复杂仪器的其他某些操作

论燃烧与爆燃操作

论气量法,即气态物质的重量与体积之测量

第一节 论气体化学装置

近来法国化学家们已经把气体化学装置这一名称用于普里斯特利博士所发明的非常简单而精巧的机械装置,该装置现在是每一个实验所必不可少的。这由一个木槽组成,木槽尺寸依方便或大或小,镶有铅皮或镀锡铜皮,如图版Ⅴ透视图所描绘的那样。图1中,同一个槽或池的两面假定被切走了,以更清晰地显示其内部构造。在这个装置中,我们分清隔板ABCD(图1和图2)和池底或池体FGHI(图2)。广口瓶或玻璃钟罩按此深度充满水,将其翻转,口朝下,然后竖立在隔板ABCD上,如图版Ⅹ图1的F所示。隔板平面以上池边的上部称为边(*rim*)或缘(*borders*)。

池子应当充满水,以便在隔板之上至少保持一吋半的深度,池子的尺寸至少应当使池子的每个方向都有一呎水。这种大小足以满足一般的需要;但有较大的空间常常较方便甚至有必要。因此,我建议打算有效地从事化学实验的人们把这种装置做成大尺寸,以便有地方操作。我的主池能容4立方呎水,其隔板有14平方呎的表面。虽然我起初认为这个尺寸太大,但现在我常常苦于缺乏空间。

在完成大量实验的实验室里,除了一个可以称为总池(*general magazine*)的大池之外,还必须有几个较小的池子;甚至一些轻便的池子,必要时可将它们搬到炉子旁边或任何能够搬到的地方。也有一些操作把装置的水弄脏,因此这些操作需要在池子里独自进行。

使用简易楔形接合的木质池子或包了铁的桶,而不是镶了铅或铜的桶,无疑会相当廉价。在我最初的实验中,我用的是用这种方式做的池子;但是不久我就发现它们使用起来不方便。假若水不总是保持相同的高度,那么楔形榫就会干缩,而当再加水时,水就通过接榫处流出跑掉。

我们在这种装置中使用水晶瓶或玻璃钟罩(图版Ⅴ,图9,A)盛气体;当装满气体时为了将它们从一个池子移往另一个池子,或者当池子过挤时为了保存它们,我们用一个平盘BC,平盘由直立的边或缘围着,带有两柄D和E。

在用不同材料做了几个试验之后,我发现大理石是建造汞气体化学装置的最好物质,因为汞完全透不进它,而且它不像木头那样,易于在接榫处分离,让汞通过裂缝逸出;也不像玻璃、缸瓷或瓷类那样,冒破裂的危险。取一块大理石BCDE(图版Ⅴ,图3和图4),约2呎长、15或18吋宽、10吋厚,像在mn处(图5)那样将其挖空至少4吋深,作为储汞槽;为能较方便地填放广口瓶,凿一道至少约4吋深的沟TV(图3、图4和图5);由于这道沟有时也许证明是麻烦的,可以将薄板插入槽xy(图5)之中,随意将其盖上。我有这种构造的两个不同尺寸的大理石池子,我总是可以用其中的一个作为储汞槽,它保存汞比其他任何容器都安全,既不易翻倒,又不易发生其他事故。我们用汞在这种装置中操作,恰恰如同前面描述的用水在这种装置中操作一样;不过玻璃钟罩必须有较小的直径并且坚固很多;我们也可以使用图 7 中的阔口玻璃管;这些玻璃管被卖玻璃的人称作量气管(*eudiometer*)。图 5A 描绘的竖立在其位置上的一个玻璃钟罩,叫作广口瓶的东西制成了图 6。

在离析了的气体能被水吸收的一切实验中,汞气体化学试验装置都是必需的,除了金属化合物之外,情况往往就是这样,尤其是处于发酵等状态中的所有化合物更是如此。

第二节　论气量计

我把气量计(*gazometer*)这个名称赋予我为熔化实验中能够提供均匀、持续氧气流的一种风箱而发明并让人建造的一种仪器。默斯尼尔先生和我后来又做了非常重要的改进和增添,将其转变成为一种可以称为通用仪器(*universal instrument*)的东西,没有这种仪器,几乎不可能完成大部分极精密的实验。我们给该仪器所赋予的名称,表明它是用来测量经受其检测的气体的体积或数量的。

它由一个3呎长的坚固铁梁DE组成(图版Ⅷ,图1),在其两端D和E极牢固地连接着同样用坚固的铁做成的圆片。其横梁不是像常规天平中的横梁那样悬着,而是靠一个磨光了的钢质圆轴F(图9)支撑在两个活动的人摩擦轮上,以此大大减少对于摩擦产生的运动的抵抗力,将其转变成为二级摩擦。作为一个附加的预防措施,用抛光水晶片盖住这两个轮子支撑横梁圆轴的部分。整个机械固定在结实的木柱BC(图1)的顶上。在横梁的D端,用一条直链悬着放砝码的天平盘P,直链与弧nDo的弯曲部分相适合,处于为此目的而做成的一个槽里。横梁的另一端即E端,用另一条直链ikm,这条直链要建造得不会因负载重量的多少而延长或缩短;此链在i处牢固地固定着一个具有三个分支ai、ci和hi的三脚架,这三个分支吊着一个直径约18吋、深约20吋,倒置的锻铜大广口瓶A。这个机械的整体在图版Ⅷ图1中用透视图描绘出来了;图版Ⅸ图2和图4给出了显示其内部结构的垂直截面图。

环绕广口瓶底部外面,固定着分成格子1、2、3等的外沿,用来放图版Ⅸ图6[①]的1、2、3分别描绘的铅砝码。这些东西是在需要很大压力时用来增加广口瓶重量的,这在以后再解释,不过很少有这种必要。圆桶广口瓶A的下面 *de*(图版Ⅸ,图4)是完全敞开的;但是其上面用一个铜盖 *abc* 封闭住,在 *bf* 处开口,能用开关 *g* 关闭。正如通过查图可以看到的那样,这个盖子置于广口瓶顶部之内几吋的地方,以防止广口瓶在任何时候完全浸于水中被遮没。假若我要再改制这个仪器,我就要让盖子大大压扁,使其几乎成为平的。这个广口瓶或气槽置于装满了水的圆桶状铜容器LMNO(图版Ⅷ,图1)之内。

在圆桶状容器LMNO(图版Ⅸ,图4)的中间,放两个管子 *st* 、*xy*,使两个管子在其上端 *ty* 相互接近;把这两个管子做成这样一种长度,即比容器LMNO上沿LM高出一点,而且当广口瓶 *abcde* 触及底部NO时,其上端约有半吋进入通向活塞 *g* 的锥状孔 *b* 之中。

图3描绘的是容器LMNO的底部,在其中间焊有一个中空的半球形小帽,可以将其看成倒置的漏斗的大

① 英文版误为"图3"。——中译者注

端;st、xy(图 4)这两个管子在 s 和 x 处配在这个小帽上,并且以这种方式与管子 mm、nn、oo、pp(图 3)连通,这些管子水平地固定在容器的底上,并且全部结尾于和连接于球帽 sx。

这些管子中的三根延伸至容器的外面,如图版Ⅷ图 1 所示,图中标有 1、2、3 的第一个管子,其标有 3 的一端插入中间活塞 4,与广口瓶 V 相连,广口瓶 A 位于小气体化学装置 GHIK 的隔板上,GHIK 的内部如图版Ⅸ图 1 所示。

第二个管子从 6 至 7 紧靠容器 LMNO 的外侧,延伸至 8、9、10 处,并且在 11 处与广口瓶 V 的下面相连。这两个管子中的前者是打算用来把气体送进机械的,后者则是打算用来导入供广口瓶中做试验用的少量气体的。根据气体所受压力的程度,它要么进入机械,要么从机械中出来;这个压力通过用砝码使天平盘 P 载重的或少或多而随意改变。当气体导入机械之中时,压力就减小,甚至变成负的;但是,当要排出气体时,就要用必要的力度去产生压力。

第三个管子 12、13、14、15 打算用来将空气或气送至燃烧、化合或者其他任何需要空气的实验所必需的地方或装置。

要解释第四个管子的用途，我必须开始某些讨论。假设容器 LMNO(图版Ⅷ，图 1)装满了水，广口瓶 A 部分装气、部分装水；显然，盘 P 中的砝码可以校准到使盘的重量与广口瓶的重量之间严格处于平衡，以便使外面的空气不至于进入广口瓶，气体也不至于从广口瓶逸出；在这种情况下，水在广口瓶内外都将严格处于相同的水平面。相反，假若盘 P 中的重量被减少，那么广口瓶就将承受其自身向下的重力，水在广口瓶内就将比在广口瓶外低；在这种情况下，所包含的空气或气体受压缩的程度就将超过内部空气所受压缩的程度，这超过的程度正好与水柱的重量成比例，等于内外水面之差。

出自这些考虑，默斯尼尔先生设计了一种确定广口瓶中所容纳的空气在任何时候所受压力的确切程度的方法。为此目的，他用一个玻璃双虹吸管 19、20、21、22、23，在 19 和 23 处牢固地黏合住。此虹吸管的 19 端自由地与机械内容器中的水接通，23 这一端则与圆桶状容器底部的第四个管子相通，因而靠垂直的管子 *st*(图版

Ⅸ,图 4)与广口瓶中所盛空气接通。他还在 16 这个地方(图版Ⅷ,图 1)黏合了另一个玻璃管 16、17、18,此管与外面的容器 LMNO 中的水接通,在其上端 18 与外面的空气相通。

显然,通过这几个装置,水在管子 16、17、18 中必定与在池子 LMNO 中处于同一个水平面;相反,在支管 19、20、21 中,它必定随广口瓶中的空气所受的压力比外部空气所受压力的大或小而处于或高或低的位置。为确定这些差值,将分成吋和吩的一个黄铜刻度尺固定在这两个管子之间。易于想象,由于空气以及所有其他弹性流体经浓缩必定在重量上会增加,因此必须知道它们缩合的程度以能计算它们的量并将其体积的计量单位变换成为相应的重量单位;这个目的打算用现在描述的装置来达到。

但是,要确定空气或气体的比重,弄清它们在一已知体积中的重量,就必须知道它们的温度以及它们存在于其下的压力程度;这由牢固地粘接在拧进了广口瓶 A 的盖子之中的黄铜套中的一个小温度计来完成。图版Ⅷ图 10 描绘的便是这个温度计,图版Ⅷ图 1 和图版Ⅸ

图 4 的 24、25 描绘了它所处的位置。水银球处于广口瓶 A 的内部,有刻度的杆则高出盖子的外面。

气量法的实践假若没有比以上描述的更进一步的措施的话,仍然会有很大的困难。当广口瓶 A 沉入池子 LMNO 的水中时,它必定失去与它所排出的水的重量相等的重量;因此,它对于所盛空气或气体的压缩必定按比例减小。所以,实验过程中由此机械所提供的气体在快要结束时的密度,将与其开始时的密度相同,因为其比重在不断减小。果然不错,这个差值可以通过计算来确定;不过,这引起的数学探索必定会使这种装置的使用变得既麻烦又困难。默斯尼尔先生已经通过下列装置对这种不便进行了补救。让一个正方形铁杆 26、27(图版Ⅷ,图 1)垂直并高于横梁 DE 的中间。此杆穿过中空的黄铜盒 28,黄铜盒敞口,可以填铅;把此盒做得可以靠一个在齿轨上运动的齿轮沿杆滑动,以便升高或降下盒子,并将其固定在被认为是适当的地方。

当杠杆或横梁 DE 处于水平状态时,此盒不倾向于任何一边;但是当广口瓶 A 沉进池子 LMNO 使横梁向这边倾斜时,灌了铅的盒子 28 就越过支撑中心,显然必定倾向广口瓶一边,增加它对所盛的空气的压力。这是按盒子向27升高的比例增加的,因为力借杠杆起作用,而同样的重量所施加的力随杠杆的长度按比例增大。因此,沿杠杆26、27移动盒子28,我们就能增加或减小打算对于广口瓶的压力所做的校正;经验和计算都表明,这恰恰可以补偿在各种程度的压力下广口瓶中失去的重量。

我迄今还没有解释这个机械的用途中的最重要的部分,这就是用它确定实验过程中所提供的空气或气体的量的方式。要极精确地确定此量以及由实验给机械提供的量,我们已将分成度和半度的铜扇 *lm* 固定在横梁 E(图版Ⅷ,图1)臂终端的弧上,因此铜扇与横梁一起运动;用固定的指针29、30测量横梁的这一端的降低,该指针在其终端有一个指示百分之一度的游标。

上述机械的不同部分的全部细节在图版Ⅷ中描述如下:

图2是沃康松(Vaucanson)先生发明的,用来悬挂图1中的天平盘或盘子P的直链;不过由于此链随着负荷的多少而延长或缩短,因此它不适合悬挂图1中的广

口瓶 A。

图 5 是承受图 1 中的广口瓶 A 的链 *ikm*。此链完全是由磨光了的铁板彼此交错并用铁钉夹起来形成的。此链不会由于它所承受的任何重量而在任何可感觉的程度上延长。

图 6. 广口瓶 A 借以挂在天平上的三脚架，即三分岔蹬形物，螺钉用来将其固定在某个精确垂直的位置上。

图 3. 垂直于横梁的中心而固定、带有盒子 28 的铁柱 26、27。

图 7 和图 8. 摩擦轮，带有水晶片 z 作为接触点，以避免天平横梁轴的摩擦。

图 4. 支托摩擦轮轴的金属片。

图 9. 杠杆或横梁的中部，带有它在其上运动的轴。

图 10. 测定广口瓶中所盛空气或气体温度的温度计。

当要使用这个气量计时，要在池子或外部容器 LMNO(图版Ⅷ，图 1)中把水灌至确定高度，这个高度应当在一切实验中都相同。应当在天平横梁处于水平状态时取水位;此水位当广口瓶处于池子底部时,由于它排出水而增加,并随广口瓶升至其最高处而减小。然后我们就通过重复试验,尽力发现盒子 28 必须固定在什么高度使压力在横梁所处的一切情况之下都相等。我差不多就要说到,由于这种校正并非绝对精确;于是四分之一甚或半吩之差就无足轻重。盒子 28 的这个高度对于每一种压力程度皆不相同,而是根据这个程度是 1、2、3 或更多吋而变化。所有这些都应当极有条理极精确地记下来。

接下来我们取一个装得下 8 或 10 品脱的瓶子,通过称量它能容纳的水极精确地测定其容量。将此瓶翻转底朝上,在气体化学装置 GHIK(图版Ⅷ图 1)的池子中充满水,将其口置于装置的隔板上代替玻璃广口瓶 V,将管子 7、8、9、10、11 的 11 这一端插入其口内。将机械固定在压力为零的状态,精确观察指针 30 在扇面 *ml* 上所指示的度数;然后打开活塞 8,稍稍压住广口瓶 A,迫使空气完全充满瓶子。马上观察指针在扇面上指示的度数,我们同时计算与每一度相应的立方吋数。然后,我们同样谨慎,以同样方式装满第二个、第三个等等瓶子,甚至用不同大小的瓶子重复同样的操作若干次,直至最后精确注意我们全部弄清广口瓶 A 的确切限度或容量;不过,最初将其精确做成圆桶形的较好,这样我们就避免了这些计算和估计。

我描述的这种仪器是工程师兼物理仪器制造者小梅格尼先生极精确地用非凡的技能建造的。由于用于许多目的,因此它是一种极有价值的仪器;的确,没有它,许多实验几乎都不能完成。由于在许多实验,譬如水和硝酸形成的实验中,绝对必须使用两个相同的机器,因此它就变得昂贵了。在目前化学的先进状态下,对于按照数量和比例以必要的精确性弄清物体的分析和合成来说,极昂贵和复杂的仪器就成为必不可少的了。尽力简化这些仪器并使其费用较低当然很好;但是,这绝不应当以尽力牺牲其使用的方便为代价,更不用说以牺牲其精度为代价了。

第三节　测量气体体积的某些其他方法

前一节所描述的气量计,对于一般在实验室里用于气体的测量来说，过于昂贵和复杂，而且它甚至不适合全部这种情况。在许多系列的实验中，必须使用更简单更易于适用的方法。为此目的，我将描述我在拥有气量计之前曾使用并且在我的实验的常规过程中优先于它而仍然在使用的手段。

假设在某个实验之后，置于气体化学装置隔板上的广口瓶 AEF(图版Ⅳ，图 3)的上部盛有既不能被碱又不能被水吸收的气体残留物，我们要弄清此残留物的量。我们首先必须用纸条分成若干等份围贴在广口瓶上，极精确地标明汞或水在广口瓶中所升至的高度。如果我们一直是用汞操作的，那么我们就由导入水排出汞开始。将一个瓶子完全充满水，这就容易办到了；用你的手指将其堵住，把它翻转过来，将其口插入广口瓶的边缘之下；然后再将瓶体翻转，汞靠其重力落入瓶中，水在广口瓶中升高，占据汞原来所占据的位置。这一完成，就将水注入池子 ABCD，使汞面上保持约 1 吋水；然后将盘子 BC(图版Ⅴ，图 9)放到广口瓶之下，将其移往水池(图 1 和图 2)。这时我们把气体转入另一个按照后面要描述的方式事先已经刻上了标度的广口瓶之中；于是,我们就用气体在刻有标度的广口瓶中所占据的程度来判断其数量或体积。

还有另一种确定气体体积的方法,这种方法既可以用上述方法代替,又可以用作对这种方法的校正或证明。在将空气或气体从用纸条作标记的第一个广口瓶转入刻有标度的广口瓶中之后,将刻有标度的广口瓶瓶口翻转,精确地将水注入至标记EF(图版Ⅳ,图3)处,称量此水,并将法衡制每70磅折算成1立方呎或1728立方吋的水,我们就确定了它所盛空气或气体的体积。

为此目的而给广口瓶刻标度的方式极为容易,我们应当准备几个不同尺寸的广口瓶,如遇事故甚至每种尺寸的都应当准备几个。取一个高而细又结实的玻璃广口瓶,在池子(图版Ⅴ,图1)里充满水,置于隔板ABCD上;对于这个操作我们应当一直使用同一个地方,以便隔板的高度总是完全相同,这样,就将避免这个过程容易出现的几乎是仅有的误差。然后,取一个正好装得下6盎司3格罗斯61格令水,相当于10立方吋的细口管形瓶。如果你没有正好这么大的管形瓶,就挑一个稍大一点的,滴一点熔蜡或松香将其容量减小至需要的大小。这个瓶子用作校正广口瓶的标准。让此瓶中所容纳的空气进入广口瓶,在水下降正好到达的地方做一个标记;再加一瓶空气并记下水的位置,依此重复,直至所有的水都被排出。极为重要的是,在此操作过程中,管形瓶和广口瓶要保持与池子中的水相同的温度;由于这个原因,我们必须尽可能地避免把手放在二者中的任何一个上;如果我们怀疑它们被加热了的话,就必须用池子中的水将其冷却。此实验过程中,气压计和温度计的高度无关紧要。

这样一确定了每十立方吋的标记,我们就用金刚钻刀在其一侧刻上一个刻度。玻璃管以同样方式刻上标记供汞装置中使用,不过它们必须划分成为立方吋和十分之一立方吋。用来校正这些玻璃管的瓶子必须装得下8盎司6格罗斯25格令汞,这正好相当于1立方吋的该金属。

用刻有标度的广口瓶确定空气或气体体积的方法,具有不需要校正广口瓶内和池子中水面高度差的优点;但是它需要根据气压计和温度计的高度进行校正。不过当我们通过称量广口瓶在标记EF(图版Ⅳ,图3)以下能容纳的水来确定空气的体积时,必须进一步校正池子中的水面与广口瓶内水上升的高度之差。这将在本章的第五节解释。

第四节　论使不同气体彼此分离的方法

由于实验常常产生两三种或更多种气体,因此必须能够将这些气体彼此分离,以便我们可以确定每种气体的数量和种类。假设在广口瓶 A(图版Ⅵ,图 3)之下容纳有一些混合在一起并处于汞之上的不同气体;像前面指出的那样,我们由用纸条给汞在玻璃瓶中所处的高度作标记开始;然后将约一立方吋水导入广口瓶中,它将浮在汞面上。如果气体混合物含有任何盐酸气或亚硫酸气,那么,由于这两种气体,尤其是前者具有与水化合或被水吸收的强烈倾向,因此迅速、大量的吸收立即发生。如果水只微量吸收不到与自身体积相等的气体,那么我们就断定,该混合物既不含盐酸气和硫酸气,也不含氨气,而是含碳酸气,水只吸收其自身体积的碳酸气。为弄清这个猜想,导入一些苛性碱溶液,碳酸气将会在几小时之内逐渐被吸收;它与苛性碱或草碱化合,剩下的气体几乎完全不含任何感觉得到的碳酸气残留物。

在每一个这种实验之后,我们必须细致地贴上纸条标明汞在广口瓶内所处的高度,纸条一干就涂上清漆以便它们被置于水装置之中时不会被冲掉。也有必要记下每个实验终结时池子中和广口瓶中的汞面之差,以及气压计和温度计的高度。

当所有能被水和草碱吸收的气体都被吸收之后,让水进入广口瓶取代汞;如前一节所述,池子中的汞就会被一两吋的水所覆盖。此后,用平盘 BC(图版Ⅴ,图 9)将广口瓶移往水装置之中;剩下的气体的量要通过将其转进有刻度的广口瓶之中来确定。此后,通过小广口瓶中的实验小规模地检验它,几乎就确定了该气体的本质。例如,将一支点燃的小蜡烛导入充满气体的小广口瓶(图版Ⅴ,图 8),如果小蜡烛不马上熄灭,我们就断定该气体含有氧气;而且,按火焰的亮度,我们可以判断它所含的氧气比大气所含的是多还是少。相反,如果小蜡烛立即熄灭,我们就有强有力的理由推测,该残留物主要由氮气组成。如果蜡烛一靠近,气体就着火并且在表面带着白色火焰平静地发光,我们就断定它大概是纯氢气;如果火焰是蓝色的,我们就断定它由碳化氢气组成;如果它突然爆燃着火,那么它就是氧气和氢气的混合物。另外,如果一份残留物一与氧气混合就产生红烟,我们就断定它含亚硝气。

这些初步的试验给出了有关该气体的性质和混合物的本质的某些一般性知识,但却不足以确定组成它的几种气体的比例和数量。为此目的,必须使用一切分析方法;而且,为了适当地针对这些方法,用上述诸方法先做一个近似处理是极有用的。例如,假定我们知道残留物由氧和氮气混合组成;就把一定的量即100份放进一个10吩或12吩直径的刻度管中,导入硫化草碱溶液与气体接触,让它们在一起放几天;硫化草碱吸收全部氧气,使氮气处于纯态。

如果已知它含有氢气,就把一定量的残留物与已知比例的氢气一起导入伏打(Volta)量气管中;用电火花使它们一起爆燃,逐次加进另外的氧气,直至不再发生爆燃,并产生最大可能的减少。此过程形成水,而此水又立即被装置的水所吸收;但是,如果氢气含有炭,则同时形成碳酸,碳酸并不如此迅速地被吸收;通过摇动帮助其吸收,就易于确定其量。如果残留物含有亚硝气,那么加氧气与之化合成为硝酸,我们差不多就可以根据这种混合物的减少来确定其量了。

我所讲的仅限于这些一般的例子,这些例子足以给出这种操作的概念;一整本书也不会用来解释每一个可能的情况。通过长期的经验熟悉气体分析是有必要的;我们甚至必须承认,它们彼此之间大都具有如此强的亲和力,以致我们并不总是有把握将它们完全分离。在这种情况下,我们必须按照每一种可能的观点使我们的实验多样化,给化合物加进新的试剂,使其他试剂不介入,继续我们的试验,直至我们确信我们的结论真实精确为止。

第五节　论根据大气压对气体体积进行的必要校正

一切弹性流体都可与它们所负载的重量成比例地压缩或凝缩。也许,由一般经验所确定的这条定律,在这些流体处于几乎足以使它们处于液体状态的某种凝缩程度之下时,或者处于极稀薄状态或凝缩状态时,可以允许有某种不规则性;不过,我们用我们的实验所处理的大多数气体,很少达到这两个极限中的任何一个。我对于可与压在其上的重量成比例地压缩的气体的这个命题的理解如下:

气压计是一般所知的一种仪器,严格说来是一种虹吸管 ABCD(图版Ⅻ,图 16),其 AB 支管盛满汞,而 CD 支管则充满空气。如果我们假定支管 CD 无限延伸直至它与我们大气的高度相等,我们很容易就可以想象,气压计实际上就是一台天平,其中的汞柱与相同的重量的空气柱处于平衡状态。不过,不必把支管 CD 延长到这样的高度,因为很显然,气压计陷于空气之中,汞柱 AB 将同样与相同直径的空气柱处于平衡状态,不过支管 CD 在 C 处被截断,CD 部分完全被拿开了。

与从大气的最高部分到地球表面的空气柱重量相平衡的汞的平均高度,在巴黎市的较低部分大约是 28 法吋(French inch);换言之,在巴黎的地球表面的空气上面,通常压着与高度为 28 吋的汞柱的重量相等的重量。在本书的几个部分中谈到不同气体时,譬如说到在

28 吋压力下立方呎的氧气重 1 盎司 4 格罗斯时，必须以这种方式理解我所讲的。此汞柱的高度被空气压力所承载，随我们在地球表面，确切地说是在海平面之上被升高的程度而降低，因为汞只能与它上面的空气柱形成平衡，该空气柱一点也不受其平面之下的空气影响。

汞以什么比率与其海拔成比例地下降呢？就是说，几个大气层按什么定律或比率在密度上减小呢？这个曾经锻炼了 17 世纪的自然哲学家们的独创性的问题，由以下实验加以阐明。

如果我们取一个玻璃虹吸管 ABCDE（图版Ⅻ，图 17），其 E 端封闭、A 端敞开，导入几滴汞截断支管 AB 与支管 BE 之间的空气流通，那么，BCDE 中所含空气显然就与所有周围的空气一样，受与 28 吋汞相等的空气柱重量之压。但是，如果我们往支管 AB 中注入 28 吋汞，那么很清楚，支管 BCDE 中的空气就将受与两倍 28 吋汞，即大气重量两倍的重量相等的重量之压；经验表明，在这种情况下，所含空气不是充满从 B 到 E 的管子，而是只占据从 C 到 E 的管子，即正好是它以前所占空间的一半。如果我们往支管 AB 中最初的汞柱上另外再加两个 28 吋，则支管 BCDE 中的空气就将受大气重量的四倍，即 28 吋汞重量的四倍之压，那么它就只会充满从 D 到 E 的空间，正好是它在实验开始时所占空间的四分之一。从这些可以无限变化的实验，已经推演出一条似乎可适用于一切永久弹性流体的一般的自然定律，即它们的体积与压在其上的重量成比例地减小；换言之："所有弹性流体的体积与压缩它们的重量成反比。"

为了用气压计测量山的高度所做的实验进一步证实了这些推演的真实性；即使假定它们在某种程度上不精确，这些差异也极小，在化学实验中可以认为它们无足轻重。一旦完全理解了这条弹性流体压缩定律，就可以不费力地将其用于关于气体体积与其压力关系的气体化学实验中所必需的校正。这些校正有两种：一种与气压计的变化有关，另一种则是针对池中所容纳水柱或汞柱的。我将从最简单的情况开始，用例子尽力解释这些。

假设得到 100 立方吋氧气，氧气处于温度计的 10°和气压计的 28 吋 6 吩，需要知道这 100 立方吋的气体在 28 吋[①]的压力下会占据多大体积,以及 100 吋氧气的重量是多少?令气压计是 28 吋时这种气体所占据的未知体积即未知时数受 x 之压;由于体积与压在其上的重量成反比,我们就有以下陈述:100 立方吋与 x 成反比,就如同 28.5 吋压力比 28.0 吋一样;或者直接就是 28∶28.5∷100∶x=101.786——立方吋,在 28 吋气压计压力时。这就是说,在气压计为 28.5 吋时占据 100 立方吋体积的同样的气体或空气,在气压计为 28 吋时将占 101.786 立方吋。计算占据 100 立方吋的这种气体在 28.5 吋气压计压力下的重量同样容易;例如,由于它相当于压力为 28 吋的 101.786 立方吋,由于在此压力和温度为 10°时每立方吋氧气重半格令,由此得出,在 28.5 气压计压力下,100 立方吋必定重 50.893 格令。这个结论可以更直接地形成,因为,由于弹性流体的体积与其压力成反比,其重量必定就与同样的压力成正比:因此,由于 28 吋压力下 100 立方吋重 50 格令,于是我们就有

① 根据法呎与英呎之间给定的 114∶107 的比例,法制气压计的 28 吋等于英制气压计的 29.83 吋。在附录中将会找到对于将本书中所使用的法制衡量和度量换算成为相应的英制单位的说明。——英译者注

以下陈述来确定 28.5 气压计压力下 100 立方吋同样气体的重量，28∶50∷28.5∶x，即未知量 x=50.893。

下列实例较为复杂。假设广口瓶 A(图版Ⅻ，图 18)的上部 ACD 盛有一定量的气体，广口瓶 CD 以下部分装满汞，整个广口瓶竖立于盆或槽 GHIK 之中，槽内盛汞至 EF，并假设广口瓶中 CD 汞面与池中汞面 EF 之差为 6 吋，而气压计位于 27.5 吋。由这些数据显然可见，ACD 中所含空气受大气重量之压，此大气重量由于汞柱 CE 的重量而减少，即减少 27.5−6=21.5 吋气压计压力。因此，此空气受压小于大气处于气压计的普通高度时所受之压，所以它所占据的空间就比它在处于普通压力下时所占空间大，而差值恰恰就与压重之差成正比。那么，如果测量 ACD 发现它是 120 立方吋的话，那么它必须折算成它在 28 吋的普通压力下所占体积。这由以下陈述完成：120∶x(即未知体积)∷21.5∶28 反比；这就给出 $x=\frac{120\times21.5}{28}$=92.143 立方吋。

在这些计算中，我们可以将气压计中汞的高度以及广口瓶和池中平面之差换算成为吩或吋的十进小数；不过,我更喜欢后者,因为它更易于计算。由于在这些经常出现的运算中简化方法极有用处,我已经在附录中给出了一个表,将吩和吩的小数换算成为吋的十进小数。

在用水装置完成的实验中,我们必须估计和考虑到在池子中的水面之上广口瓶内水的高度差,而做类似的校正以获得严格精确的结果。不过,由于大气压是用汞气压计的吋和吩表示的,由于同类量才能一起计算,因此,我们必须把观察到的水的吋数和吩数换算成汞的相应高度。我已经在附录[①]中给出了供这种换算用的表,假定汞比水重 13.5681 倍。

第六节　论与温度计度数有关的校正

在确定气体重量的过程中,除了像前节指出的那样,要将这些气体换算为气压计压力的平均数之外,我们还必须将它们换算为标准的温度计温度;因为一切弹性流体皆热胀冷缩,所以它们在任何确定体积中的重量都易于发生很大的变动。由于 10°的温度是夏热冬冷的

① 详见《化学基础论》全译本。——编辑注

中间值，是地下场所的温度，也是在所有季节中最易于接近的温度，因此我已经选择此温度作为我在这种计算中将空气或气体换算成的平均值。

德·吕克先生发现，冻点和沸点之间分成81度的汞温度计的每一度，使空气增加其体积的$\frac{1}{215}$份；对于列氏温度计的每一度来说，是$\frac{1}{211}$份，该温度计在这两点之间分成80度。蒙日先生的实验似乎表明，氢气的这种膨胀较小，他认为它只膨胀$\frac{1}{180}$。迄今，我们尚无任何发表了的有关其他气体膨胀率的精确实验；不过，从已经做了的试验来看，它们的膨胀似乎与大气的膨胀无多大差别。因此，直至进一步的实验给我们提供关于这个主题的更好信息为止，我都可以当然地认为，对于温度计的每一度而言，大气膨胀$\frac{1}{210}$份，氢气膨胀$\frac{1}{190}$份；不过，由于这一点尚极不确定，我们应当总是在尽可能接近10°的标准中操作；用这种方式，通过换算成普通标准来校正气体的重量或体积的过程中产生的误差就将成为极不重要的了。

这种校正值的计算极为容易。把观察到的体积除以 210,再用 10°以上或以下的温度度数乘商。当实际温度在标准温度之上时此校正值为负,当实际温度在标准温度之下时此校正值为正。使用对数表,这种计算就被大大简化了。[①]

第七节 计算与压力和温度的偏差有关的校正值的例子

实 例

竖立于水装置中的广口瓶 A(图版Ⅳ,图 3)中,盛有 353 立方吋空气;广口瓶内 EF 水面处于池子中的水之上 $4\frac{1}{2}$吋,气压计处于 27 吋 $9\frac{1}{2}$吩,温度计处于 15°。在空气中燃烧了一定量的磷,便产生了凝固的磷酸,燃烧后的空气占 295 立方吋,广口瓶中的水处于池子中的水

---

① 当使用华氏温度计时,每一度引起的膨胀必定较小,即按 1∶2.25 的比例,因为列氏温标的每一度相当于华氏 2.25 度;因此,我们必须除以 472.5,再按以上所述完成其余的计算。——英译者注

之上7吋处，气压计处于27吋9 $\frac{1}{4}$吩，温度计处于16°。需要由这些数据确定空气在燃烧前后的实际体积以及此过程中吸收的量。

燃烧前的计算

燃烧前广口瓶中的空气是353立方吋，不过这只是处于27吋9 $\frac{1}{2}$吩的气压计压力之下，将此压力换算成十进制小数，就是27.79167吋；我们必须从中减去4 $\frac{1}{2}$吋水的差值，这相当于压力计的0.33166吋；因此，广口瓶中空气的真实压力是27.46001。由于弹性流体的体积按压重的反比减少，我们就有以下陈述，将353吋换算成为空气在28吋气压计压力下所占体积。

353∶x(即未知体积)∷27.46001∶28。于是有，

$x=\frac{353\times 27.46001}{28}=346.192$立方吋，这就是同量的空气在气压计为28吋时所占体积。

此校正了的体积的$\frac{1}{210}$份是1.65，由此得出，对于标

准温度之上每五度来说，即为 8.255 立方吋；而且，由于此校正值是负的，因此，空气在燃烧前实际校正了的体积是 337.942 立方吋。

燃烧后的计算

通过对燃烧后的空气体积做类似计算，我们发现其气压计压力为 27.77083－0.51953＝27.25490。因此，为得到在 28 吋压力下空气的体积，295 ∶ x ∷ 27.77083 ∶ 28 反比；即 $x=\frac{295\times 27.25490}{28}=287.150$。此校正了的体积的 $\frac{1}{210}$ 份是 1.368，它乘以 6 度的温度计差值，就得到对于温度的负校正值为 8.208，剩下空气在燃烧后实际校正了的体积是 278.942 立方吋。

结　果

燃烧前的校正体积	337.942
燃烧后剩下的校正体积	278.942
燃烧过程中吸收的体积	59.000

第八节　确定不同气体绝对重量的方法

取一个能盛 17 或 18 品脱或半立方呎的大球形瓶 A(图版Ⅴ,图 10),有一个黄铜帽 *bcde* 牢固地连接在球形瓶的瓶颈上,黄铜帽上用严实的螺旋固定着管子和活塞 *fg*。此装置用图 12 中单独描绘的双螺旋与图 10 中的广口瓶 BCD 连通,广口瓶必须在容积上比球形瓶大若干品脱。此广口瓶顶部开口,配有黄铜帽 *hi* 和活塞 *lm*。图 11 单独描绘的是这些活塞中的一个。

我们首先将球形瓶盛满水,并对满瓶和空瓶进行称量,以确定球形瓶的确切容量。放空水时,从瓶颈 *de* 插进一块布将其擦干,最后残余的潮气用空气泵抽一两次除去。

当要确定任何气体的重量时,按以下所述使用此装置:用活塞 *fg* 的螺丝将球形瓶 A 固定到空气泵的板子上,活塞开着;球形瓶要尽可能完全抽空,用附配在空气泵上的气压计仔细观察抽空的程度。形成真空时,关上活塞 *fg*,以一丝不苟的精确性确定球形瓶的重量。然后将其固定到图 10 中的广口瓶 BCD 上,我们让此广口瓶置于气体化学装置(图 1)隔板上的水中;广口瓶要盛满我们打算称量的气体,然后打开活塞 fg 和 lm,气体上升进入球形瓶,而池子中的水同时上升进入广口瓶。为避免极麻烦的校正,在这第一个部分的操作过程中,有必要将广口瓶沉入池子中至广口瓶中的水面为止,无须精确一致。再关上两个活塞,将球形瓶从它与广口瓶的联结处旋开取下,仔细称重;此重量与抽空了的球形瓶的重量之差,就是球形瓶中所盛空气或气体的精确重量。将此重量乘以 1728,即乘以 1 立方呎中的立方吋数,再将积除以球形瓶中所容立方吋数;商就是用来做实验的 1 立方呎气体或空气的重量。

必须精确说明上述实验过程中气压计的高度和温度计的温度;根据这些,1 立方呎的最终重量就易于校正为 28 吋和 10°的标准,如前节所指出的那样。形成真空之后留在球形瓶中的少量空气也必须注意,这用附配在空气泵上的气压计容易确定。例如,如果该气压计保持在真空形成之前它所处的高度的百分之一处,我们就断言原来所盛空气的百分之一仍留在球形瓶中,因此,只有$\frac{99}{100}$的气体从广口瓶进入球形瓶。

论气体化学蒸馏,金属溶解以及需要极复杂仪器的其他某些操作

第一节 论复合蒸馏和气体化学蒸馏

在前一章[①]中,我只论述了作为一种简单操作的蒸馏,通过这种操作,两种挥发度不同的物质可以彼此分离;但是,蒸馏实际上常常使受其作用的物质分解,成为化学中最复杂的一种操作。在每一种蒸馏中,被蒸馏的物质必须通过与热素的化合而在葫芦形蒸馏瓶或曲颈瓶中处于气态。在简单蒸馏中,此热素耗进冷却器或蛇管中了,物质重新恢复其液态或固态,但是受复合蒸馏的物质则绝对被分解了。一部分,譬如这些物质所含的炭,仍然固定在曲颈瓶中,其余的元素都被还原成为不

① 指原书第三部分第五章。——编辑注

同种类的气体。这些气体有些能凝结恢复其固体或液体形态,而另一些则是永久气体状的;这些气体的一部分可被水吸收,有些可被碱吸收,其他的则根本就不能被吸收。前一章所描绘的常规蒸馏装置根本不足以保留或分离这些多种多样的产物,我们只得为此目的而求助于性质更为复杂的方法。

我即将描绘的装置特意计划用于最复杂的蒸馏,可以根据情况简化。它由一个有管口的玻璃曲颈瓶 A(图版Ⅳ,图 1)组成,其鸟嘴口装配到有管口的球形瓶或接收器 BC 上;球形瓶的上口 D 配有一个弯管 DEfa,弯管的另一端 a 插进瓶子 L 所盛的液体之中,此瓶有三个瓶颈 xxx。靠以同样方式配置的三个弯管,把另外三个类似的瓶子与第一个瓶子相连;用一个弯管把最后一个瓶子的最后一个瓶颈与气体化学装置中的广口瓶相连。[①] 通常把有确定重量的蒸馏水放进第一个瓶子之中,其他三个瓶子中各有苛性草碱的水溶液。必须精确确定所

---

① 图版Ⅳ图 1 对这个装置的描绘所表达的关于其配置的思想,比用最麻烦的说明所能表达的思想,要丰富得多。——英译者注

有这些瓶子以及它们所盛的水和碱溶液的重量。一切安排停当时,必须用粘封泥封住曲颈瓶和接收器之间以及后者的管子 D 的接头处,用亚麻布条盖上,涂上粘鸟胶和蛋白;所有的其他接头都要用蜡和松香共熔制成的封泥封紧。

完成了所有这些安排,并对曲颈瓶 A 施热时,其中所盛物质就被分解,显然,挥发性最小的产物本身必定就在曲颈瓶的鸟嘴口或瓶颈中凝结或升华,大多数固结物质本身都将在这里固定。较易挥发的物质,如较轻的油、氨及其他几种物质,将在接收器 GC 中凝结,而最不易受冷凝结的气体则将通过管子,穿过几个瓶子中的液体鼓泡跑出。能被水吸收的将留在第一个瓶子中,能被苛性碱吸收的将留在其他瓶子中;而既不会被水又不会被碱吸收的气体则将通过管子 RM 逸出,在此管末端进入气体化学装置的广口瓶中而被接收。炭、固定土质等等形成曾被称为废物(*caput mortuum*)的物质或残留物,则留在曲颈瓶中。

在这种操作方式中,我们总是拥有实质性的精确分析证据,因为在过程结束之后产物合起来的总重量必定恰好等于原来受蒸馏的物质的重量。譬如,如果我们处理了 8 盎司淀粉或阿拉伯树胶,那么,曲颈瓶中淀粉残留物的重量,连同其瓶颈和球形瓶中收集的所有产物的重量,以及通过管子 RM 接收进广口瓶中的所有气体的重量,加上瓶子所得到的额外重量,一并考虑时,必定正好就是 8 盎司。如果结果偏低或偏高,则就是误差所致,必须重复实验直至获得令人满意的结果,结果与受实验的物质的重量之差不应大于每磅 6 或 8 格令。

在这种实验中,我碰到一个几乎不可克服的困难已经很久了,要不是哈森夫拉兹先生给我指出了避免这个困难的极简单的方法,它最后必定会迫使我完全停下来。炉热的一点点减少以及与这种实验分不开的许多其他情况,通常都引起气体的重吸收;气体化学装置池子中的水通过管子 RM 冲进最后一个瓶子,同样的情况一个瓶子接一个瓶子地发生,流体甚至常常压进接收器 C。用有三个瓶颈的瓶子防止这个事故,如图版Ⅳ图 1 所绘,在每个瓶子的一个瓶颈中配一个毛细玻璃管 St、st、$S''t$、$S'''t$,使其下端 t 浸在液体中。无论是在曲颈瓶中还是在任何一个瓶子中,如果有任何吸收发生,那么,靠这些管子，就有足量的外部空气进来填充真空；我们以普通空气与实验产物的少量混合物为代价摆脱了这个不便之处，因而全然防止了失败。虽然这些管子让外部空气进入，但却不让任何气态物质逸出，因为它们总是被瓶子的水封闭在下面。

显然，在用这种装置做实验的过程中，瓶子的液体必定与瓶子中所含气体或空气所维持的压力成比例地在这些管子中上升；此压力由所有后面瓶子中所盛流体柱的高度和重量来确定。如果我们假定每个瓶子盛有 3 吋流体，而且与上述管子 RM 的口相连的装置的池子中有 3 吋水，让流体的重量仅仅等于水的重量，那么就得出，第一个瓶子中的空气必定维持与 12 吋水的压力相等的压力。因此，水必定在与第一个瓶相连的管子 S 中上升 12 吋，在属于第二个瓶子的管子中上升 9 吋，在第三个瓶子的管子中上升 6 吋，在最后一个瓶子的管子中上升 3 吋；为此，这些管子必须分别做得稍长于 12、9、6 和 3 吋，以为液体中经常发生的振荡运动留出余地。有时候必须在曲颈瓶和接收器之间插入一个类似的管子。由于直到蒸馏进行中聚积了一些液体时管子的下端才浸入液体之中,因此其上端最初必须用一点封泥封闭住,以便根据需要或在接收器中有足够的液体达到其下端之后打开。

当打算处理的物质有非常迅速的相互作用,或者当其中的一种物质只能一小份一小份地相继导入时,由于混合起来就产生剧烈的泡腾,因此,在非常精确的实验中就不能使用这种装置。在这些情况下,我们使用一个有管口的曲颈瓶 A(图版Ⅶ,图 1),将一种物质导入其内,如果要处理的是固体还是将固体导入其中为好;然后我们把一个弯管 BCDA 用封泥封到曲颈瓶的口上,弯管上端 B 终止于漏斗处,另一端 A 终止于毛细口。实验的流体原料靠此漏斗注入曲颈瓶中,漏斗从 B 端到 C 必须做成这样的长度,使导入的流体柱能够抵消所有瓶子(图版Ⅳ,图 1)中所盛液体所产生的阻力。

尚未习惯于使用上述蒸馏装置的人们,也许会为这种实验中需要用封泥封许多瓶口并且为事先要做的一切准备所需要的时间而大吃一惊。的确,如果我们考虑到实验前后原料和产物都必须称量,那么,这些预备步骤和善后步骤所需要的时间和注意力比实验本身所需要的要多得多。但是,当实验完全成功时,我们付出的时间和辛劳就全部得到了回报,因为通过以这种精确的方式所进行的过程所获得的关于被探索的植物物质和动物物质的本质的知识,比以通常的方法通过许多星期的辛勤劳动所获得的知识要合理得多、广博得多。

当缺乏三个口的瓶子时,可以用两个口的;假如瓶口足够大,甚至可能在一个口上插进所有三个管子,以便使用通常的阔口瓶。在这种情况中,我们必须仔细给瓶子配上极精确地切削并在油、蜡和松油的混合物中煮沸过的软木塞。这些软木塞必须用圆锉打上容纳管子所必需的孔,如图版Ⅳ图8所示。

第二节　论金属溶解

我已经指出了盐在水中溶化与金属的溶解之间的差异。前者不需要特殊的器皿,而后者则需要新近发明的极为复杂的器皿,以至于我们可以不丢失任何实验产物,从而可以获得关于所发生的现象的真正结论性的结果。一般而言,金属溶解于酸中伴有泡腾,泡腾只是大量空气泡或气态流体泡的离析在溶剂中所激发的一种运动,这些气泡出自金属表面并在液体表面破裂。

卡文迪什先生和普里斯特利博士是收集这些弹性流体的专门装置的最早的发明者。普里斯特利博士的装置极其简单,它由一个带有软木塞 B 的瓶子 A(图版Ⅶ,图 2)组成,弯玻璃管 BC 穿过软木塞,伸至气体化学装置中或者只是装满水的池子中充满水的广口瓶之下。首先把金属放进瓶中,然后把酸倒在上面,立即用软木塞和管子把瓶子封闭起来,如图版所绘。不过这种装置有其不便之处。当酸较浓或者金属较碎时,在我们有时间完全塞住瓶子之前,泡腾就开始了,而且有些气体逸出,妨碍我们精确地确定离析的量。其次,当我们被迫用热或者此过程产生热时,有部分酸蒸馏并且与气体化学装置的水混合,使我们在计算分解了的酸量时出错。除了这些之外,装置的池子中的水吸收产生的所有能够吸收的气体,使无损失地收集这些气体变得不可能。

为消除这些不便之处,我起初使用了一个有两个瓶颈的瓶子(图版Ⅶ,图 3),其中一个瓶颈用封泥封进玻璃漏斗 BC 以防止任何空气逸出;用金刚砂把一个玻璃棒

ED 安装在漏斗上以作塞子之用。使用它时,首先把要溶化的物质导入瓶中,然后每当必要时就轻轻提起玻璃棒让酸随我们的意缓慢通过,直至饱和。

后来使用了另一种方法,此方法用于同样的目的,而且在某些场合比刚描述的方法更好。这个方法就在于给瓶子 A(图版Ⅶ,图 4)的一个口配上一个弯管 DEFG,弯管在 D 处有一个毛细口,在 G 处以一个漏斗为终端。这个管子牢牢地用封泥封在瓶口 C 上。当把任何液体倒进漏斗中时,它就落到 F 处;如果加进足够的量,只要在漏斗里提供另外的液体,它就通过弯曲部分 E 缓慢地落入瓶中。此液体绝不会被压出管子,而且气体不会通过它逸出,因为液体的重量起到了一个精密软木塞的作用。

为防止酸的任何蒸馏,尤其为防止伴热溶化中的酸蒸馏,把这个管子配在曲颈瓶 A(图版Ⅶ,图 1)上,并且用一个小的有管口的接收器 M,任何可以蒸馏的液体都凝结于接收器中。为使任何可被水吸收的气体分离出来,我们加上一个双颈瓶 L,半充满苛性草碱溶液;该碱吸收任何碳酸气,而且通常只有一两种气体由管子 NO

通过而进入相连的气体化学装置的广口瓶中。在这一部分的第一章[①],我已经指出过如何分离和检验这些气体。如果认为一个碱溶液瓶子不够,可以加上两个、三个或更多个。

第三节　酒发酵与致腐发酵实验中必需的装置

这些操作,尤其是打算做这种实验的操作,需要一套特殊的装置。我即将描述的装置,是做了许多校正和改进之后,最后采用的最适合于此目的的装置。它由一个大长颈卵形瓶 A(图版Ⅹ,图 1)组成,A 约容纳 12 品脱,一个黄铜帽 *ab* 牢牢地黏合在其口上,帽子中旋进一个弯管 *cd*,弯管上配有一个活塞 *e*。此管上接有一个玻璃三口接收器 B,接收器的一个口与放在它下面的瓶子连通。此接收器后面的口上配一个玻璃管 *ghi*,在 *g* 和 *i* 处黏合着黄铜套筒,用来盛极易潮解的固结中性盐,譬如硝酸石灰或盐酸石灰、亚醋酸草碱,等等。这个管子与 D 和 E 这两个瓶子连通,D 和 E 中苛性草碱溶液盛至

① 指原书第三部分的第一章。——编辑注

x 和 y 处。

这个机器的各个部分都用精密的螺旋接起来,接触部分垫上涂了油的皮革以防止空气通过。每个部件都配有两个活塞,用它们可以关闭两端,以使我们能够在任何操作阶段分别称量各个部件中的物质。

把发酵性物质譬如糖与适量的酵母用水稀释放进长颈卵形瓶中。有时候,当发酵过于迅速时,产生大量的泡沫,泡沫不仅堵塞长颈卵形瓶的瓶颈,而且还流进接收器,由此跑进 C 瓶。为了收集这浮渣和未发酵的汁,防止它到达充满潮解性盐的管子,接收器和相连的管子要做成大容量的。

在酒的发酵中,只离析出碳酸气,它携带着少量溶化状态的水。这水的大部分在通过充满粗粉状潮解性盐的管子 ghi 时积存下来,其量通过盐重量的增加来确定。碳酸气由管子 klm 输送至 D 瓶,通过 D 瓶中的碱溶液冒出来。不能被这第一个瓶子吸收任何一点的气体,都被第二个瓶子 E 中的溶液所获得,以致一般来说,除了实验开始时容器中所盛的普通空气之外,就没有什么东西进入广口瓶 F 了。

同样的装置极适合腐败发酵实验的需要，不过，在这种情况中，大量氢气通过管子 *qrsu* 离析出来，氢气由此管输送进入广口瓶 F。由于此离析极其迅速，在夏天尤其如此，因此必须时常更换广口瓶。这些腐败发酵需要按照上述情况不断照料，而酒发酵则几乎不需要照料。靠这种装置，我们可以极精确地确定用以发酵的物质重量以及离析出的液体和气体产物的重量。关于酒发酵的产物，可以查阅我在第一部分第八章所讲的内容。

第四节　分解水的装置

由于在本书的第一部分中已经说明了与水的分解有关的实验，因此，在这一节中我将避免不必要的重复，只就这个主题发表一点概括性的意见。具有分解水的力量的主要物质是铁和炭；为此目的，需要使它们达到并保持炽热状态，否则，水就只变成蒸汽，然后经冷却而凝结，连最小的质变都不发生。相反，处于炽热状态时，铁或炭从氧与氢的结合物中夺走氧；在第一种情况中，产生黑色氧化铁,氢以纯气体形态离析出来;在第二种情况中,形成碳酸气,它离析出来混有氢气;这后者一般被碳化,即拥有溶化状态的炭。

没有枪栓的滑膛枪管极适合用来以铁分解水,枪管应当选择很长很坚固的。当枪管太短以致冒使封泥过热的危险时,要把一个铜管牢固地焊接在其一端。把枪管置于一个长炉子 CDEF(图版Ⅶ,图 11)之中,使其从 E 到 F 有一定程度的倾斜;把玻璃曲颈瓶用封泥封到其上端 E 上,曲颈瓶中盛有水并被置于炉子 VVXX 之上。较低的一端 F 用封泥封到蛇管 SS 上,蛇管与有管口的瓶子 H 相连接,操作过程中任何蒸馏了而没分解的水便聚集在此瓶之中,离析的气体则由管子 KK 输送到气体化学装置中的广口瓶。可以用一个漏斗代替曲颈瓶,漏斗的下部用一个活塞关闭,让水通过活塞逐渐滴进枪管之中。水一经与铁的受热部分接触就立即转化成为水蒸气,实验以同样方式继续进行,就好像它是以蒸汽状态从曲颈瓶中提供的一样。

在由默斯尼尔先生和我当着科学院的一个委员会所做的实验中,我们采取了一切预防措施以在我们的实验结果中获得最大可能的精确性，甚至在我们开始之前就把所使用的所有器皿都抽空了，以使得到的氢气不与氮气相混合。这个实验的结果以后将在一篇详尽的论文中给出。

在许多实验中，我们不得已使用玻璃、瓷质或铜质的管子代替枪管。但是，如果热增加得稍有一点点过高，玻璃就有易于熔化和变扁的缺点；陶瓷多半充满微孔，气体通过微孔逸出，当受水柱压缩时尤其如此。由于这些原因，我弄到了一个黄铜管，此管是德·拉·布里谢先生在斯特拉斯堡亲自检验为我铸造并用实心铸件镗制而成的。这个管子极便于分解醇，醇分解成为炭、碳酸气和氢气；它可以同样有利地用来通过炭分解水，在大量这种性质的实验中用它也都方便。

论燃烧与爆燃操作

第一节　燃烧通论

根据我在本书第一部分已经说过的,燃烧就是由可燃物体引起的氧气的分解。形成这种气体的基的氧被燃烧物体吸收并与之化合,同时游离出热素和光。因此,每一种燃烧必定都意味着氧化;相反,并非每一种氧化必定都意味着伴有燃烧;因为严格说来,所谓燃烧没有热素和光的离析就不能发生。在燃烧能够发生之前,氧气的基对可燃物体的亲和力必定应当比它对热素的亲和力大;用伯格曼的措辞就是,这种有择吸引只能在一定的温度上发生,此温度因每种可燃物质而异;因此,通过靠近加热了的物体引起第一运动或开始每一种燃烧是必要的。加热我们打算燃烧的任何物体的必要性依赖于某些考虑,这些考虑迄今尚未引起任何自然哲学家的注意,由于这个原因,我将在这个地方稍微详细地论述这个主题。

自然界目前处于平衡状态,这种平衡状态直至在通常的温度下可能的自发燃烧或氧化得以发生才能达到。因此,不打破这种平衡并把可燃物质升至较高的温度,新的燃烧或氧化就不能发生。要用例子说明关于这个问题的抽象观念:让我们假定地球的常温有一点变化,假定它只升高至沸水的程度;显然,在这种情况中,在低得多的温度中可以燃烧的磷,就不再会以其纯粹和简单状态存在于自然界之中,而总是会处于其酸态或氧化态,其根就会成为不为化学所知的一种物质了。通过逐渐升高地球的温度,一切能够燃烧的物体都会相继发生同样的情况;最后,每一种可能的燃烧都发生,无论任何可燃物体都不再会存在,因为每一种可受这种操作影响的物质都会被氧化,因此也就是不可燃烧的了。

因此,就与我们有关而言,除了在地球的常温中不可燃烧的物体之外,不可能存在任何可燃物体。换言之也一样,即,每种可燃物体如果不加热,即如果不将其升高到自然发生燃烧的温度,就必须不具有燃烧性质。一旦达到这个温度,燃烧就开始,而且由于氧气分解而离析出的热素就维持持续燃烧所必需的温度。当情况不是这样时,即当离析的热素不足以维持必需的温度时,燃烧就停息了。用普通语言表达这种情况,就是说物体烧得不完全或者很困难。

尽管燃烧与蒸馏,尤其是与复合的这种操作,具有某些共同的情况,但它们在非常实质性的一点上却不同。在蒸馏中有物质的部分元素彼此分离,并且在蒸馏过程中温度升高时发生的亲和力使这些元素以一种新的次序化合。这也发生于燃烧之中,但是却有进一步的情况,即物体中原本没有的一种新元素发生作用;氧加给了被操作的物质,热素则被离析了。

在伴有燃烧的所有实验中必须使用气体状态的氧以及必须严格确定所使用的量,使这种操作变得特别麻烦。由于几乎所有燃烧产物都以气体状态离析,保留它们甚至比保留复合蒸馏过程中所提供的气体更为困难;因此,这种预防措施就被古代化学家们完全忽视了;这种实验设备就独属现代化学了。

由于已经以一般方式指出了在燃烧实验中要考虑

到的目的,因此,在本章[1]以下各节中,我开始描述我为此目的所使用过的不同仪器。以下安排不是根据可燃物体的类别而是根据燃烧所必需的仪器的类别而形成的。

第二节　论磷燃烧

在我们着手的那些燃烧之中,在水装置(图版Ⅴ,图1)中将至少能容6品脱的广口瓶盛满氧气;当广口瓶完全盛满,以致气体开始从下面涌出时,将广口瓶A移往汞装置(图版Ⅳ,图3)。然后我们用吸墨水纸把广口瓶内外的汞面弄干,在把纸插到广口瓶下面之前小心将纸浸入汞中保持一些时间,以免让普通空气进去,普通空气非常顽强地粘在纸的表面。首先把要用来燃烧的物体放在精密的秤中极精确地称量,然后将其放入铁质或瓷质小浅底盘D中;用一个大杯子P将此盖住,大杯子起分割钟罩的作用,再把整个通过汞放进广口瓶中,此后将大杯子撤掉。以这种方式使燃烧材料通过汞的困

① 指原书第三部分第八章。——编辑注

难,要以通过将广口瓶 A 的某一边升高一下,尽可能迅速地把可燃物体塞进小杯 D 来避免。在这种操作方式中,少量普通空气进入广口瓶,不过这无足轻重,在任何可以察觉的程度上既无损于实验的进行又无损于实验的精确性。

当 D 杯放入广口瓶之下时,我们吸出一部分氧气,以使汞升至 EF 处,如前面第一部分第五章中所指出的那样;否则,当燃烧物体着火时,膨胀的气体就会被部分压出去,我们就不再能够对实验前后的量做任何精确的计算。极方便的吸出空气的方式,是靠配有虹吸管 GHI (图版Ⅳ,图 3)的气泵注射器,用此注射器可以使汞上升到 28 吋以下的任何高度。极易燃的物体如磷,用炽热的弯铁丝 MN(图版Ⅳ,图 16)快速通过汞来点火。不易点燃的物体则用一点引火物,引火物上固定有微小的磷粒子,磷在用炽热铁丝点火之前就放在要点火的物体上。

在燃烧的最初瞬间,受热了的空气变稀薄,汞下降;但是,当在磷和铁燃烧过程中不形成弹性流体时,不久吸收就十分明显,汞就上升进入广口瓶中。必须十分注意在一定量的气体中燃烧的任何物质的量都不可以太大,否则,在接近实验终了时,杯子就会离广口瓶很近,以致由于产生的强热及冷汞引起的突然冷却使其受破裂之危。关于测量气体体积的方法,以及根据气压计和温度计等等校正量具的方法,见这一部分第二章的第五和第六节。

上述方法极适合燃烧所有的固结物质甚至固定油。后者在广口瓶之下的灯中燃烧,用引火物、磷和热铁易于点着。但是,对于诸如醚、醇和精油之类的易蒸发物质来说,这是危险的;这些物质大量溶解于氧气之中;一着火,就发生危险而突然爆炸,把广口瓶抛得很高,将其击成无数碎片。科学院的一些成员和我本人有两次险些挨炸。此外,虽然这种操作方式足以相当精确地确定被吸收的氧气量和产生的碳酸量,但是,由于对含有过量氢的植物物质和动物物质所做的一切实验中还形成了水,因此这套装置既不能收集水也不能确定水的量。用磷做的实验甚至是不完善的,因为不可能证实产生的磷酸重量等于燃烧的磷重量与此过程中吸收的氧气重量之和。因此,我不得已根据情况改变了仪器,并且使用了几种不同的仪器，我将从用来燃烧磷的仪器开始，按次序描述这些不同的仪器。

取一个大水晶或白玻璃球形瓶 A(图版Ⅳ，图 4)，球形瓶有一个直径约为二吋半或三吋的瓶口 EF，用金刚砂给瓶口精确地配上一个黄铜帽，黄铜帽有两个让管子 xxx 和 yyy 通过的孔。在用盖子关闭球形瓶之前，将支座 BC 放入其内，支座上放上盛有磷的瓷杯。然后用粘封泥封上瓶帽，让其干燥数日，精确称量；此后，用与管子 xxx 相连的空气泵抽空球形瓶中的空气，通过管子 yyy 从这一部分第二章第二节所描绘的气量计(图版Ⅷ，图 1)将其充满氧气。然后用取火镜将磷点着，让其燃烧，直至固结的磷酸云使燃烧中止，同时不断由气量计提供氧气。装置已经冷却时称重并打开泥封；扣除仪器的皮重，剩下的就是所盛磷酸的重量。为了更加精确，检验燃烧之后球形瓶中所盛空气或气体是适当的，因为也许它碰巧稍重或稍轻于普通空气；在关于实验结果的计算中必须考虑这种重量之差。

图版 Ⅳ（左）

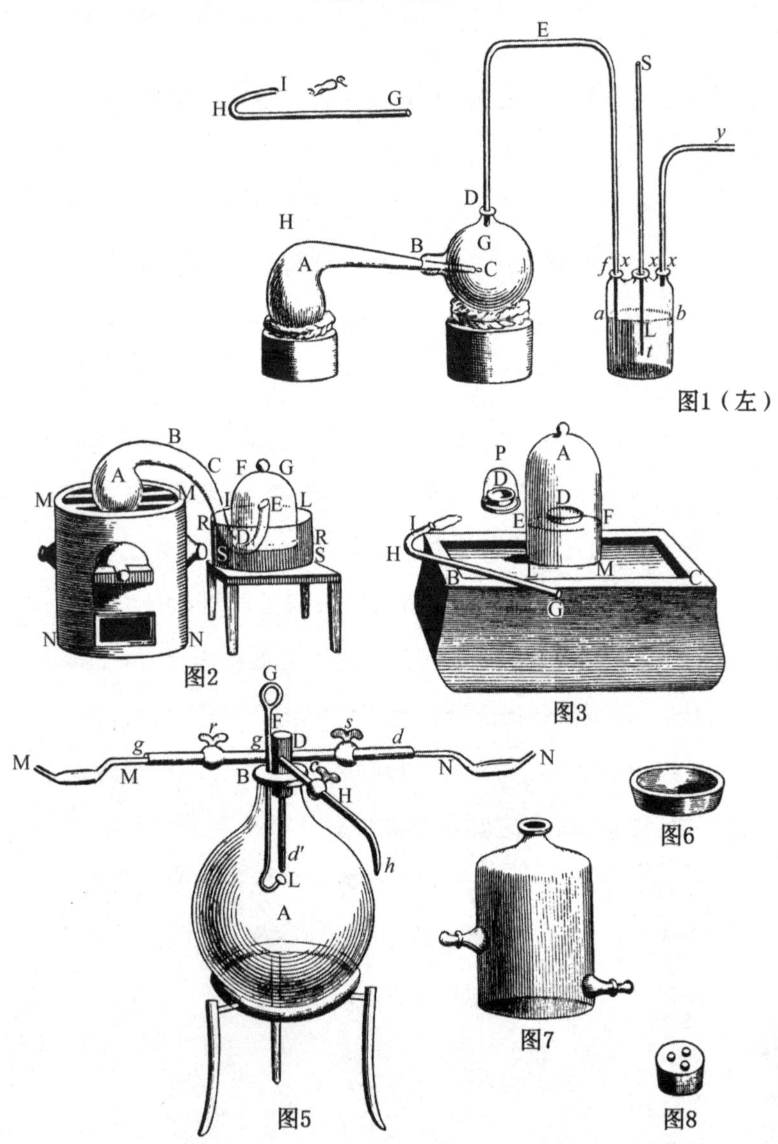

图1（左）

图2

图3

图5

图6

图7

图8

图版Ⅳ（右）

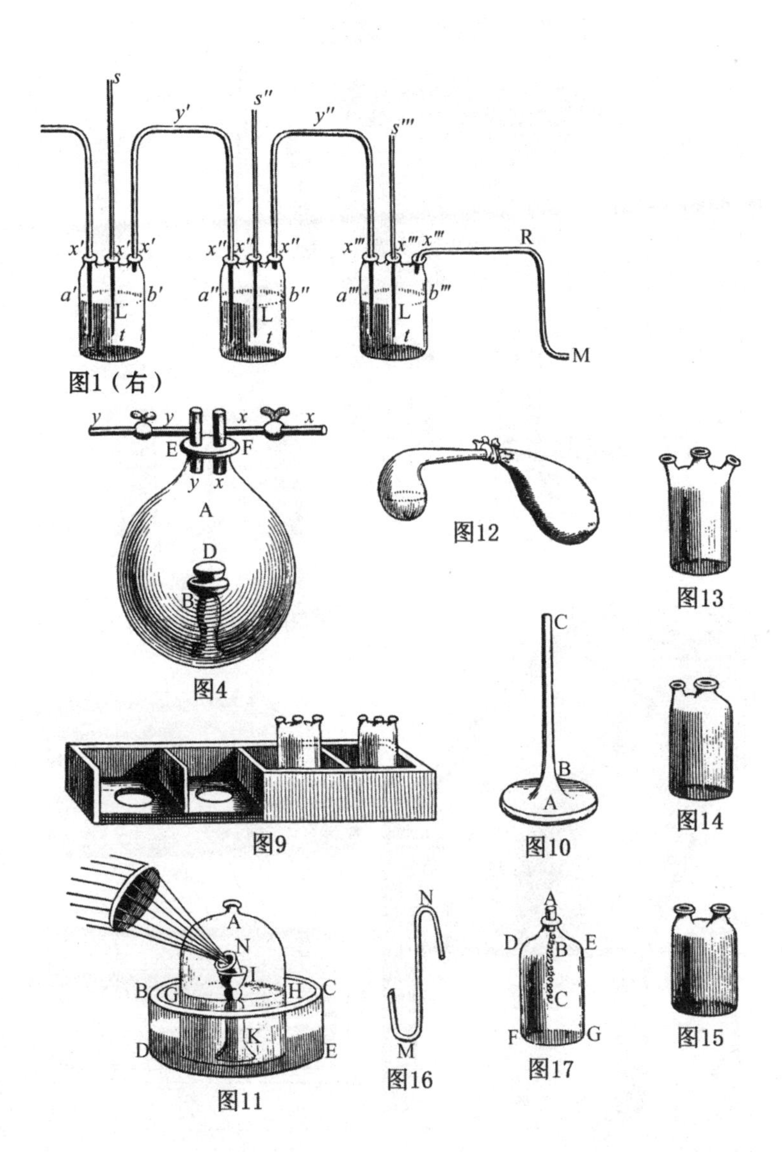

图1（右）

图4

图12

图13

图9

图10

图14

图11

图16

图17

图15

图版 V

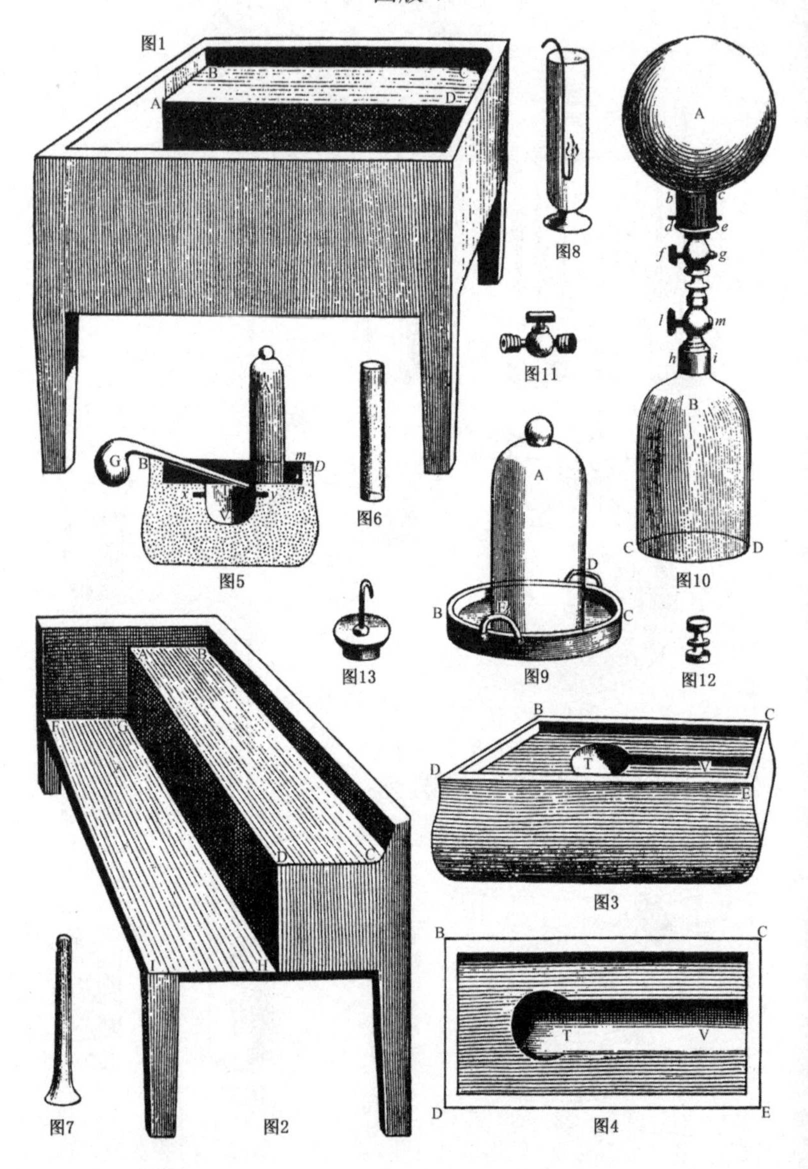
图1
A
B
C
D
图8
A
b
c
d
e
f
g
l
m
h
i
B
C
D
图10
图11
G
B
A
m
D
x
y
n
V
图5
图6
A
D
B
C
图9
图13
图12
A
B
F
G
D
C
I
H
图2
图7
B
C
D
T
V
E
图3
B
C
T
V
D
E
图4

图版 VI

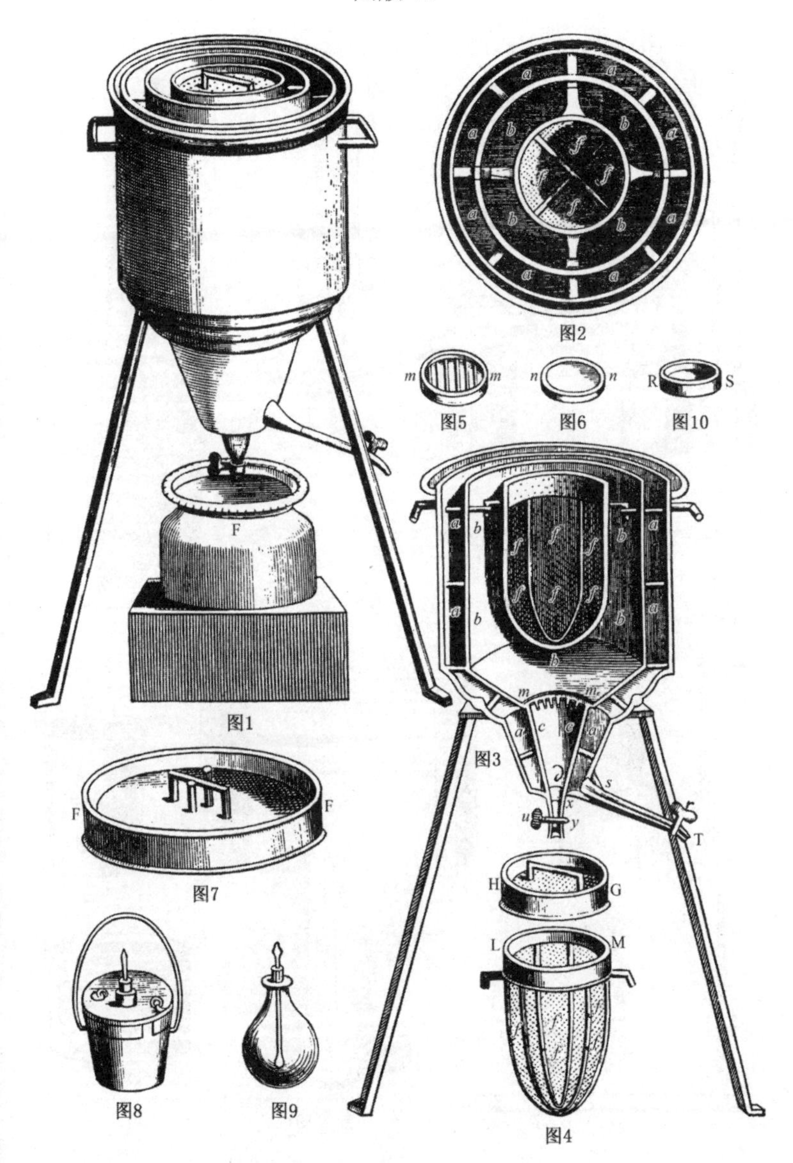

图1 图2 图3 图4 图5 图6 图7 图8 图9 图10

图版 VII

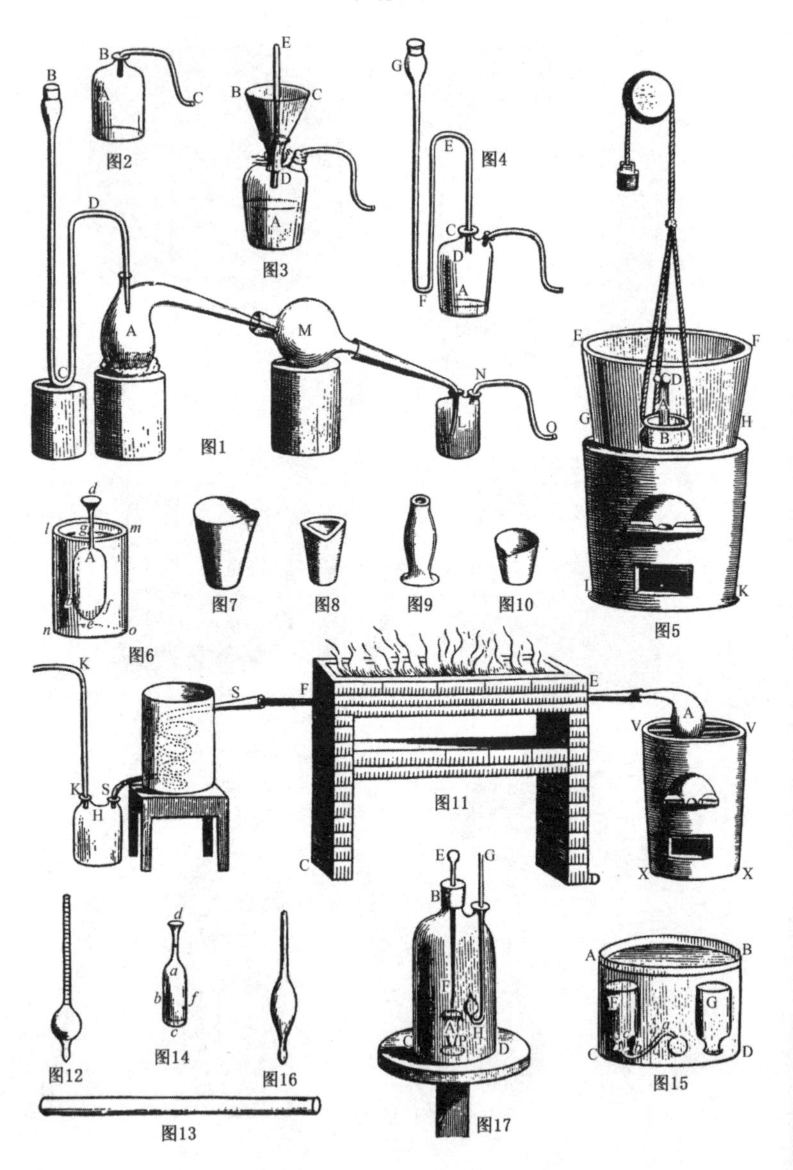

图版 IX

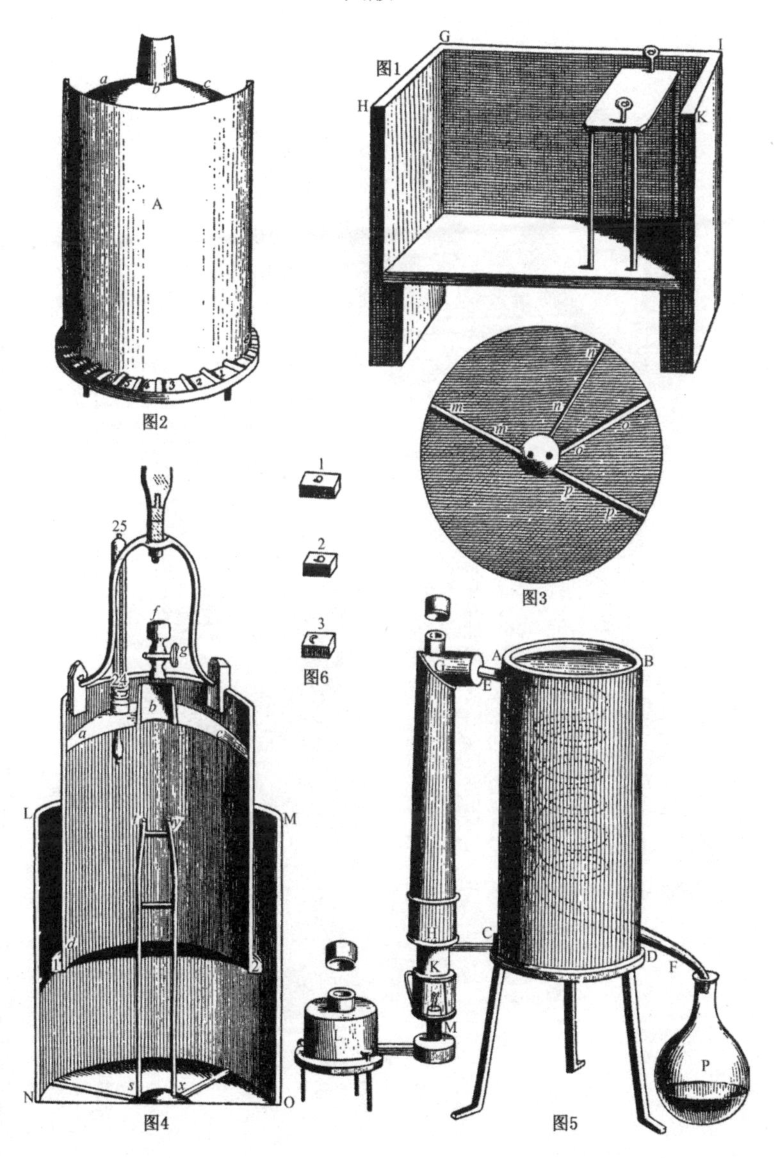

图1 图2 图3 图4 图5 图6

图版 VIII（左）

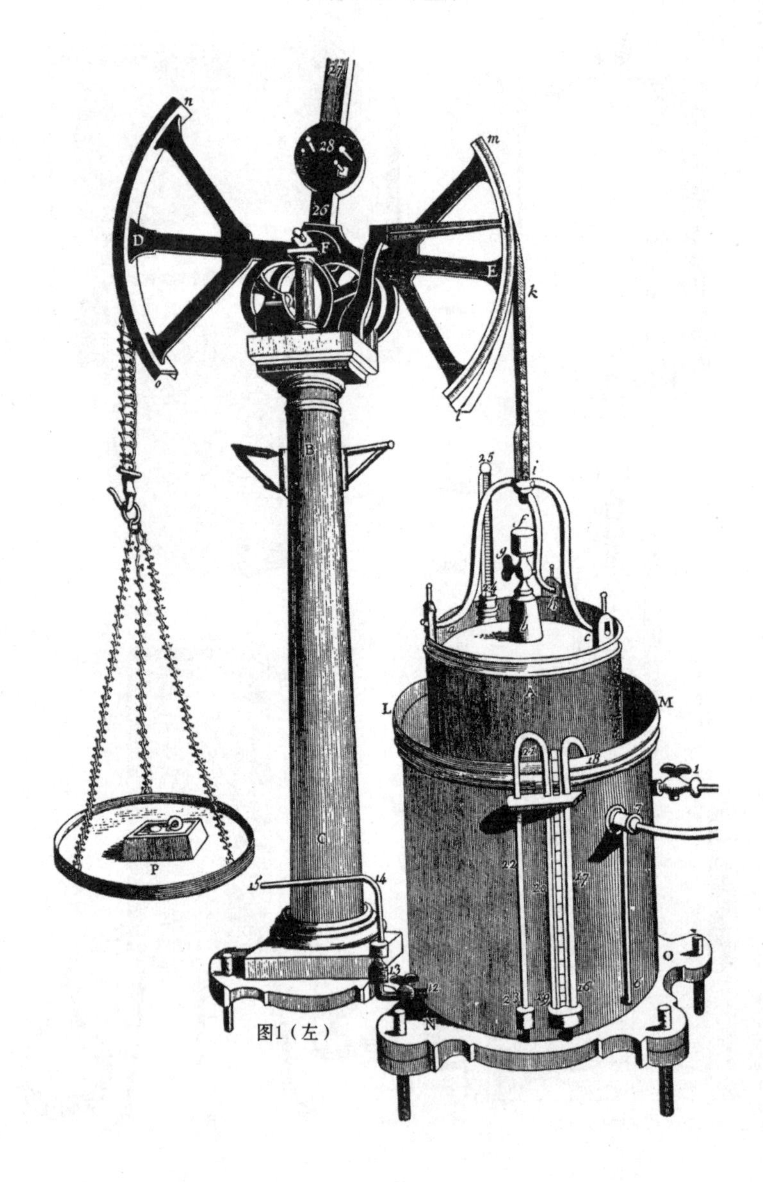
n
m
28
27
26
D
F
E
k
o
l
B
25
i
f
g
24
a
c
A
L
M
18
1
7
P
C
22
20
47
15
14
13
12
23
19
26
6
O
N

图1（左）

图版 Ⅷ（右）

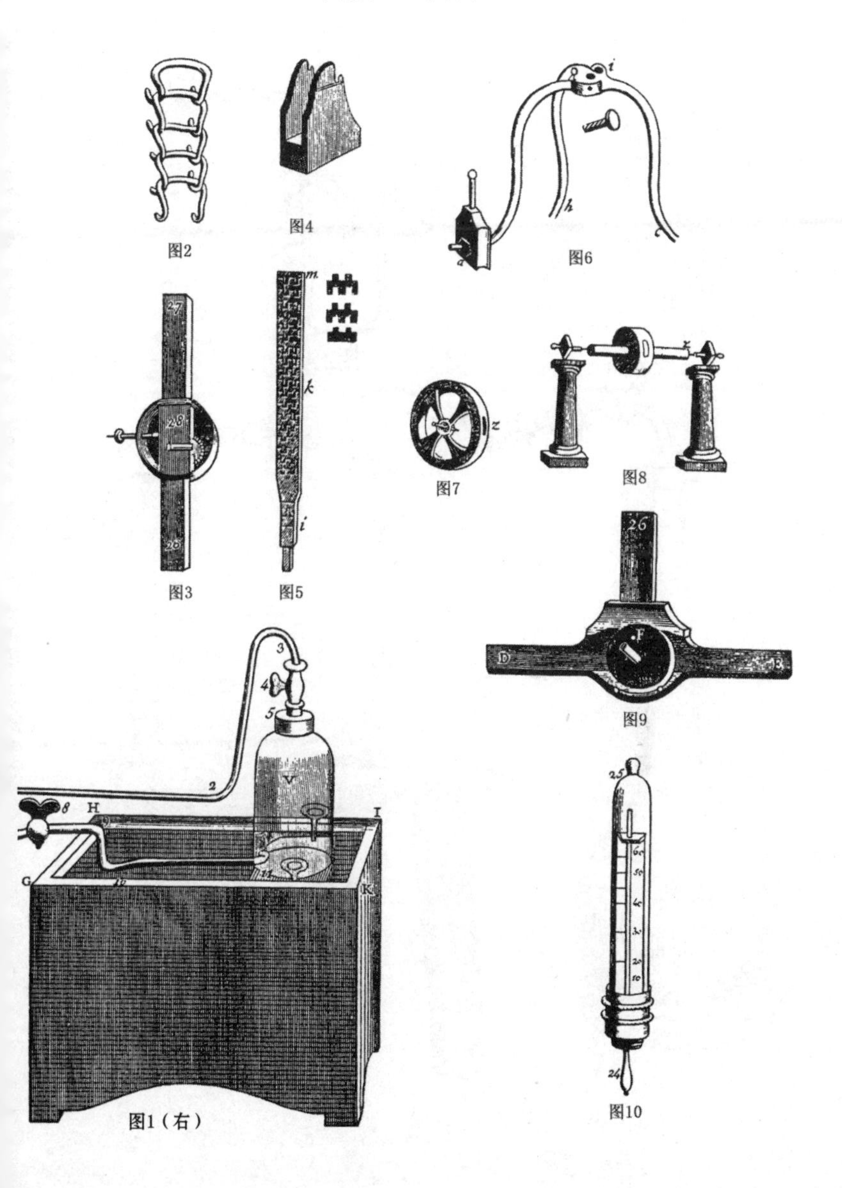

图2 图4 图6

图3 图5 图7 图8

图9

图10

图1（右）

图版 X（左）

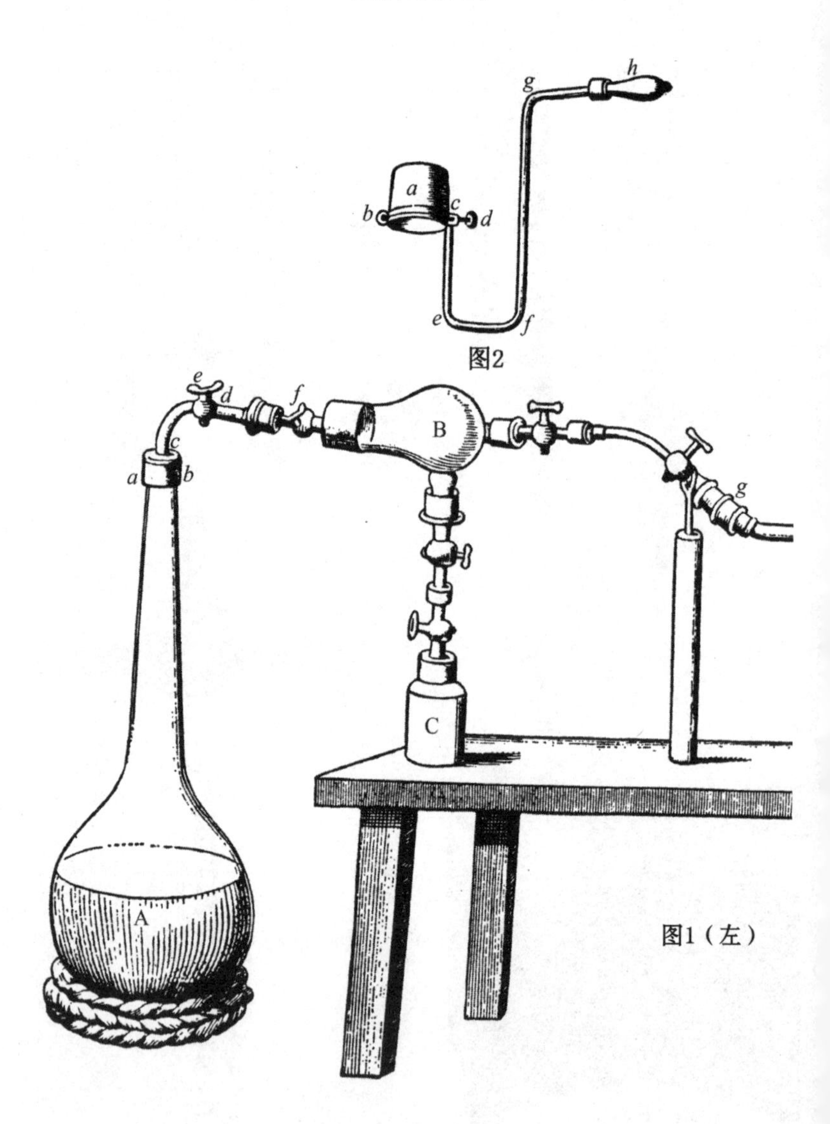

图2

图1（左）

图版 X（右）

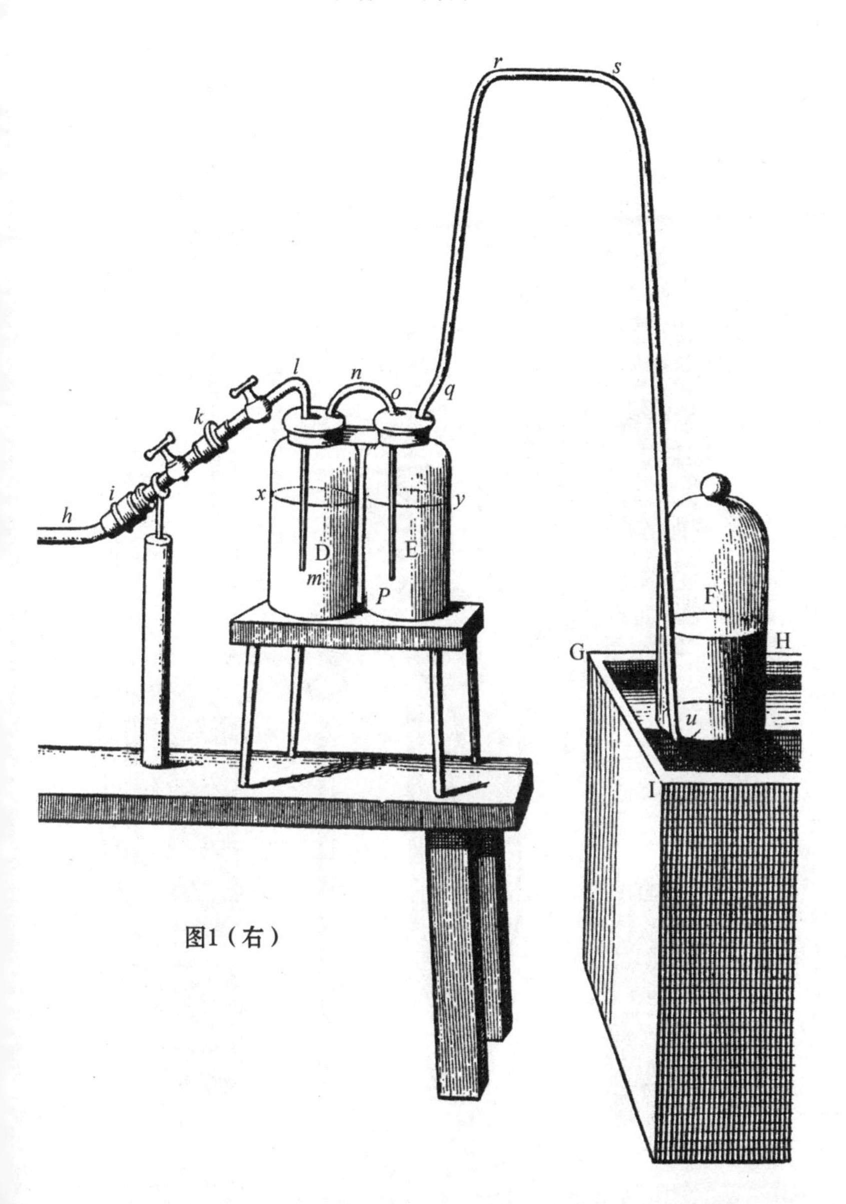

图1（右）

图版 XII（左）

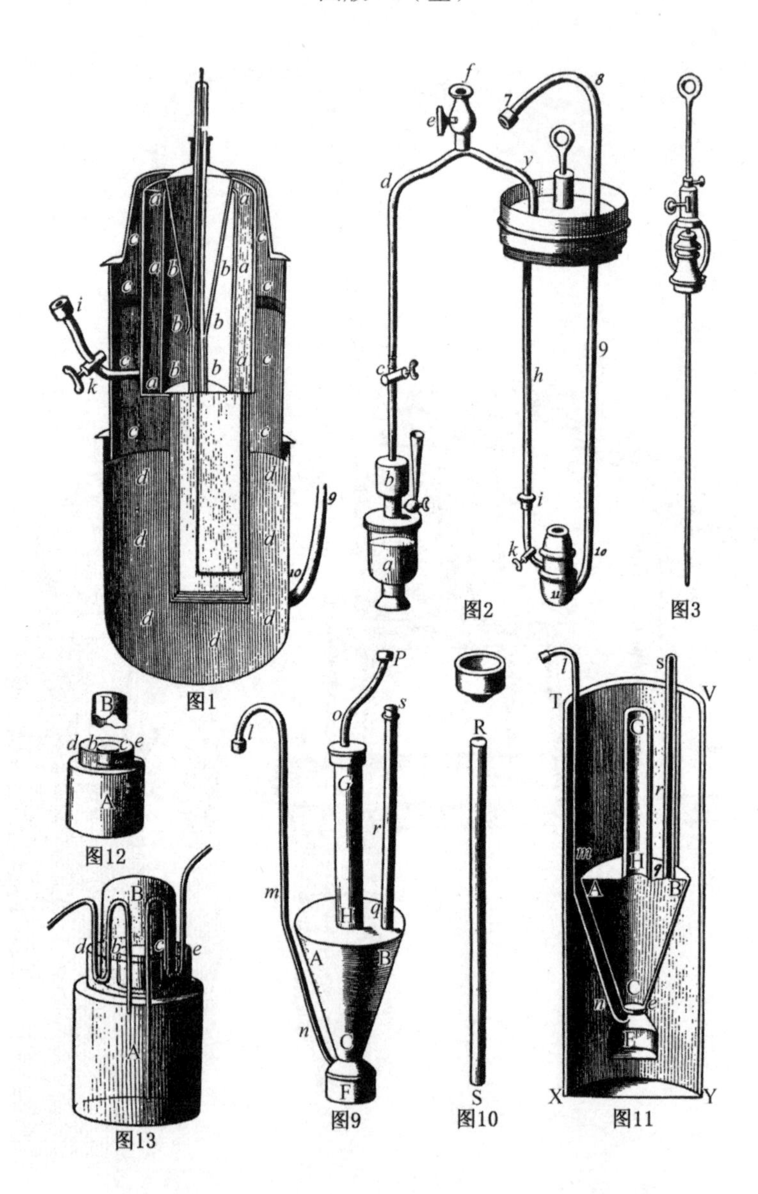

图版 Ⅻ（右）

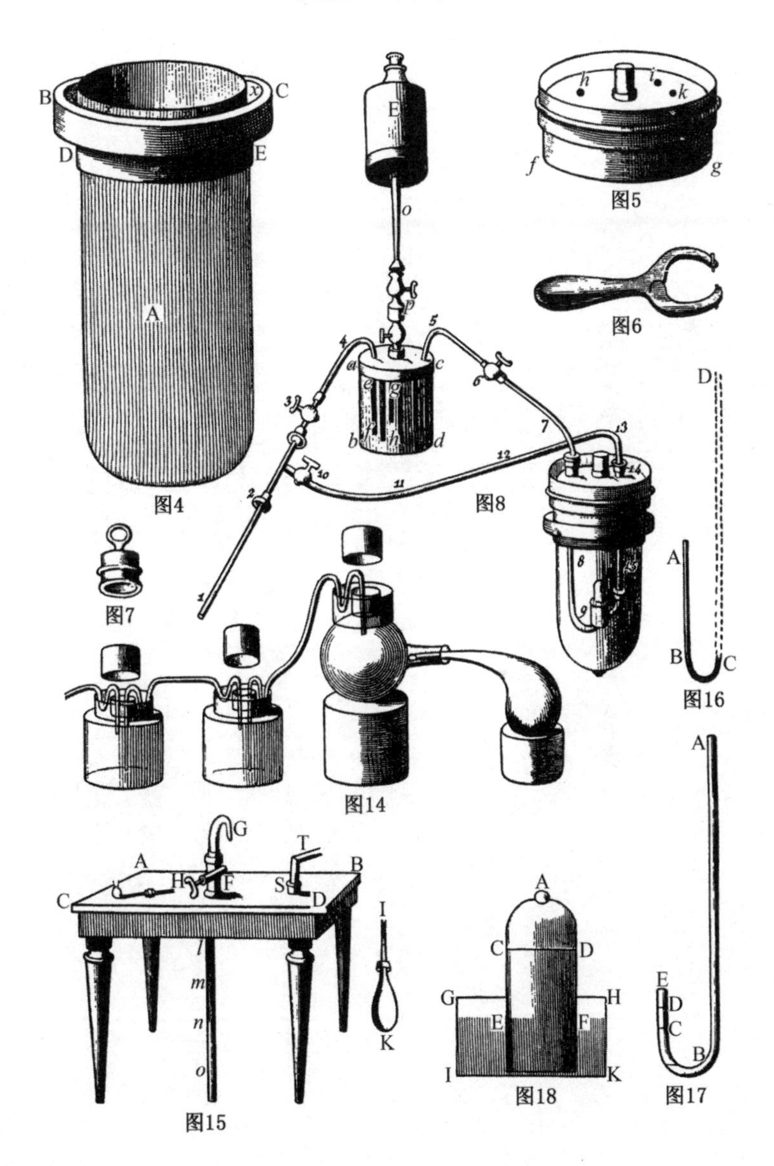

图4　图5　图6　图7　图8　图14　图15　图16　图17　图18

下　　篇

学习资源

Learning Resources

扩展阅读

数字课程

思考题

阅读笔记

扩展阅读

书　名：化学基础论(全译本)
作　者：[法]拉瓦锡　著
译　者：任定成　译
出版社：北京大学出版社

全译本目录

第十三章　论酒发酵对植物氧化物的分解

第十四章　论致腐发酵

第十五章　论亚醋发酵

第十六章　论中性盐及其不同基的形成

论草碱

论苏打

论氨

论石灰、苦土、重晶石与黏土

论金属物体

第十七章　对于成盐基及中性盐形成的继续观察

第二部分　论酸与成盐基的化合，论中性盐的形成

导言

第一章　对于简单物质表的观察

复合的可氧化与可酸化基表

第二章　对于复合根的观察

第三章　对于光和热素与不同物质的化合物的观察

第四章　关于氧与简单物质的化合物的观察

氧与简单物质的二元化合物表

氧与复合根的化合物表

第五章　对于氧与复合根的化合物的观察

氮与简单物质的二元化合物表

第六章　对于氮与简单物质的化合物的观察

氢与简单物质的二元化合物表

第七章　对于氢及其与简单物质的化合物的观察

硫与简单物质的二元化合物表

第八章　对于硫及其化合物的观察

磷与简单物质的二元化合物表

第九章　对于磷及其化合物的观察

炭的二元化合物表

第十章　对于炭及其与简单物质的化合物的观察

第十一章　对于盐酸根、萤石酸根、月石酸根及其化合物的观察

第十二章　对于金属相互化合物的观察

处于亚硝酸状态的氮与成盐基的化合物表

完全被氧所饱和,处于硝酸状态的氮与成盐基的化合物表

第十三章　对于亚硝酸和硝酸及其与成盐基的化合物的观察

硫酸与成盐基的化合物表

第十四章　对于硫酸及其化合物的观察

亚硫酸与成盐基的化合物表

第十五章　对于亚硫酸及其化合物的观察

亚磷酸和磷酸与成盐基的化合物表

第十六章　对于亚磷酸和磷酸及其化合物的观察

碳酸与成盐基的化合物表

第十七章　对于碳酸及其化合物的观察

盐酸与成盐基的化合物表

氧化盐酸与成盐基的化合物表

第十八章　对于盐酸和氧化盐酸及其化合物的观察

硝化盐酸与成盐基的化合物表

第十九章　对于硝化盐酸及其化合物的观察

萤石酸与成盐基的化合物表

第二十章　对于萤石酸及其化合物的观察

月石酸与成盐基的化合物表

第二十一章　对于月石酸及其化合物的观察

砷酸与成盐基的化合物表

第二十二章　对于砷酸及其化合物的观察

第二十三章　对于钼酸及其与成盐基的化合物的观察

钨酸与成盐基的化合物表

第二十四章　对于钨酸及其化合物的观察

亚酒石酸与成盐基的化合物表

第二十五章　对于亚酒石酸及其化合物的观察

第二十六章　对于苹果酸及其与成盐基的化合物的观察

柠檬酸与成盐基的化合物表

第二十七章　对于柠檬酸及其化合物的观察

附录

数字课程

请扫描“科学元典”微信公众号二维码，收听音频。

思考题

1. 拉瓦锡一生对科学和社会做出了哪些贡献?

2. 拉瓦锡是如何给化学元素下定义的,这个定义对于化学研究有什么意义?

3. 拉瓦锡是如何揭示大气组成,以及酸的组成和性质的?

4. 找出拉瓦锡的“简单物质表”(元素表),分析这个表与当今的元素表有何不同?

5. 拉瓦锡是如何论述化合物的组成的?

6. 拉瓦锡是如何测量气体的重量和体积的?

7. 拉瓦锡是如何研究蒸馏、溶解、熔化的?

8. 拉瓦锡的定量方法对于化学研究有何意义?

9.《化学基础论》是如何把当时所知道的一切化学物质、化学原理、化学操作有序地统一在一个系统理论之中的?

10.《化学基础论》对于奠定化学科学基础,对于我们认识化学现象,起到了什么作用?

阅读笔记

科学元典丛书

已出书目

1 天体运行论 ［波兰］哥白尼
2 关于托勒密和哥白尼两大世界体系的对话 ［意］伽利略
3 心血运动论 ［英］威廉·哈维
4 薛定谔讲演录 ［奥地利］薛定谔
5 自然哲学之数学原理 ［英］牛顿
6 牛顿光学 ［英］牛顿
7 惠更斯光论（附《惠更斯评传》） ［荷兰］惠更斯
8 怀疑的化学家 ［英］波义耳
9 化学哲学新体系 ［英］道尔顿
10 控制论 ［美］维纳
11 海陆的起源 ［德］魏格纳
12 物种起源（增订版） ［英］达尔文
13 热的解析理论 ［法］傅立叶
14 化学基础论 ［法］拉瓦锡
15 笛卡儿几何 ［法］笛卡儿
16 狭义与广义相对论浅说 ［美］爱因斯坦
17 人类在自然界的位置（全译本） ［英］赫胥黎
18 基因论 ［美］摩尔根
19 进化论与伦理学（全译本）（附《天演论》） ［英］赫胥黎
20 从存在到演化 ［比利时］普里戈金
21 地质学原理 ［英］莱伊尔
22 人类的由来及性选择 ［英］达尔文
23 希尔伯特几何基础 ［德］希尔伯特
24 人类和动物的表情 ［英］达尔文
25 条件反射：动物高级神经活动 ［俄］巴甫洛夫
26 电磁通论 ［英］麦克斯韦
27 居里夫人文选 ［法］玛丽·居里
28 计算机与人脑 ［美］冯·诺伊曼
29 人有人的用处——控制论与社会 ［美］维纳
30 李比希文选 ［德］李比希
31 世界的和谐 ［德］开普勒
32 遗传学经典文选 ［奥地利］孟德尔 等
33 德布罗意文选 ［法］德布罗意
34 行为主义 ［美］华生
35 人类与动物心理学讲义 ［德］冯特
36 心理学原理 ［美］詹姆斯
37 大脑两半球机能讲义 ［俄］巴甫洛夫
38 相对论的意义 ［美］爱因斯坦
39 关于两门新科学的对谈 ［意］伽利略

40 玻尔讲演录 ［丹麦］玻尔
41 动物和植物在家养下的变异 ［英］达尔文
42 攀援植物的运动和习性 ［英］达尔文
43 食虫植物 ［英］达尔文
44 宇宙发展史概论 ［德］康德
45 兰科植物的受精 ［英］达尔文
46 星云世界 ［美］哈勃
47 费米讲演录 ［美］费米
48 宇宙体系 ［英］牛顿
49 对称 ［德］外尔
50 植物的运动本领 ［英］达尔文
51 博弈论与经济行为（60 周年纪念版） ［美］冯·诺伊曼 摩根斯坦
52 生命是什么（附《我的世界观》） ［奥地利］薛定谔
53 同种植物的不同花型 ［英］达尔文
54 生命的奇迹 ［德］海克尔
55 阿基米德经典著作 ［古希腊］阿基米德
56 性心理学 ［英］霭理士
57 宇宙之谜 ［德］海克尔
58 圆锥曲线论 ［古希腊］阿波罗尼奥斯
化学键的本质 ［美］鲍林
九章算术（白话译讲） ［汉］张苍 耿寿昌

科学元典丛书（彩图珍藏版）

自然哲学之数学原理（彩图珍藏版） ［英］牛顿
物种起源（彩图珍藏版）（附《进化论的十大猜想》） ［英］达尔文
狭义与广义相对论浅说（彩图珍藏版） ［美］爱因斯坦
关于两门新科学的对话（彩图珍藏版） ［意］伽利略

科学元典丛书（学生版）

1 天体运行论（学生版） ［波兰］哥白尼
2 关于两门新科学的对话（学生版） ［意］伽利略
3 笛卡儿几何（学生版） ［法］笛卡儿
4 自然哲学之数学原理（学生版） ［英］牛顿
5 化学基础论（学生版） ［法］拉瓦锡
6 物种起源（学生版） ［英］达尔文
7 基因论（学生版） ［美］摩尔根
8 居里夫人文选（学生版） ［法］玛丽·居里
9 狭义与广义相对论浅说（学生版） ［美］爱因斯坦
10 海陆的起源（学生版） ［德］魏格纳
11 生命是什么（学生版） ［奥地利］薛定谔
12 化学键的本质（学生版） ［美］鲍林
13 计算机与人脑（学生版） ［美］冯·诺伊曼
14 从存在到演化（学生版） ［比利时］普里戈金
15 九章算术（学生版） ［汉］张苍 耿寿昌